"十三五"高等学校计算机教育规划教材

C 语言程序设计学习指导（第三版）

何庆新　曾健民　主编

U0310468

中国铁道出版社

CHINA RAILWAY PUBLISHING HOUSE

内 容 简 介

本书是《C 语言程序设计（第三版）》（何庆新、曾健民主编，中国铁道出版社出版）一书的配套学习指导书。编者总结了多年的 C 语言程序设计课的教学经验，针对非计算机专业初学者特点，力求解答学生学习中常见的问题，引导学生深入领会 C 语言的内在规律，具有良好的实践性和易学性。

本书内容主要包括各章要点、各章习题参考解答、各章典型案例精解、各章实验操作题以及各章附加习题。

本书适合作为高等学校相关专业本专科学生 C 语言程序设计课程的辅助教材，也可供一般工程技术人员参考。

图书在版编目（CIP）数据

C 语言程序设计学习指导/何庆新，曾健民主编. —3 版. — 北京：中国铁道出版社，2018.2（2018.12重印）

"十三五"高等学校计算机教育规划教材

ISBN 978-7-113-24228-2

Ⅰ.①C… Ⅱ.①何… ②曾… Ⅲ.①C 语言-程序设计-高等学校-教学参考资料 Ⅳ.①TP312.8

中国版本图书馆 CIP 数据核字(2018)第 011503 号

书　　名：C 语言程序设计学习指导（第三版）

作　　者：何庆新　曾健民　主编

策划编辑：祁　云　李露露		**读者热线**：（010）63550836
责任编辑：祁　云　徐盼欣		
封面设计：付　巍		
封面制作：刘　颖		
责任校对：张玉华		
责任印制：郭向伟		

出版发行：中国铁道出版社（100054，北京市西城区右安门西街 8 号）

网　　址：http://www.tdpress.com/51eds/

印　　刷：三河市宏盛印务有限公司

版　　次：2011 年 1 月第 1 版　2013 年 2 月第 2 版　2018 年 2 月第 3 版　2018 年 12 月第 2 次印刷

开　　本：787 mm×1 092 mm　1/16　**印张**：16.25　**字数**：408 千

书　　号：ISBN 978-7-113-24228-2

定　　价：42.00 元

前　　言（第三版）

　　本书是和《C 语言程序设计（第三版）》（何庆新、曾健民主编，中国铁道出版社出版）配套使用的学习指导书，通过强化 C 语言主要知识点和习题解答、典型案例精解以及实验操作、附加习题的练习，使学生掌握 C 语言的基本概念和实例应用。

　　本书针对大学一年级学生初始接触程序设计概念的特点，结合 C 程序设计语言，通过列举大量的应用实例，系统地介绍面向过程、面向模块和结构化程序设计的思想和方法。在此基础上，结合上机实践，使学生对程序设计有一个比较全面、系统的了解，为学生今后的学习打下扎实的理论基础。

　　C 语言程序设计的知识与技能要求分为知道、理解、掌握、学会 4 个层次。这 4 个层次的一般含义表述如下：

　　（1）知道：是指对这门学科的有关概念、算法、设计方法和应用方向的认知。

　　（2）理解：是指能对本课程涉及的有关概念、原理与方法的说明和解释，并清楚它们的使用方法和实际应用。

　　（3）掌握：是指能运用已理解的概念、方法和算法分析有关的具体问题，并熟练运用所学的知识进行程序设计。

　　（4）学会：是指能模仿或在教师指导下独立地完成某些教学知识和技能的操作任务，并能识别程序设计中出现的问题。

　　本书此次再版修订，听取了广大读者的意见和建议，在保持前一版教材优点和基本结构不变的基础上进行了部分调整。

　　全书共 9 章，各章内容包括 5 部分。第一部分为本章要点，概括主要知识点；第二部分为习题参考解答，是《C 语言程序设计（第三版）》中的习题参考解答，并对部分概念性较强的习题给出注解；第三部分为典型案例精解，以案例导入对主要知识点的分析；第四部分为实验操作题，针对知识点，培养实践能力，安排上机实验内容，并给出所有上机实验的参考解答；第五部分为附加习题，选择历年福建省高等学校计算机应用水平等级考试二级（C 语言）考试典型题目，强化对主要知识点的掌握。全书紧扣相关知识点，内容丰富，实用性强，语言简洁，通俗易懂，内容叙述由浅入深，适合作为高等学校相关专业本专科学生 C 语言程序设计课程的辅助教材，也可供一般工程技术人员参考。

　　本书所给出的程序参考答案并非是唯一的答案，对于同一题目，其算法不一定唯一，不同的设计思路编写的程序可能会有所区别，本书中给出的参考答案仅供参考，启发思维。

　　本书由闽南理工学院拥有多年教学经验的教师何庆新和曾健民任主编，在编写过程中得到了闽南理工学院张毅军、李燕威、王宽程、杨伟、杨英钟、林德贵、董庆伟、曹卿、郑新和卓为玲等的大力支持和具体协助，在此一并表示衷心的感谢！在编写过程中还参考了相关书籍，特向其作者表示衷心的感谢！中国铁道出版社为本书出版提供了大力支持，相关编辑的出色工作给我们留下了深刻印象，在此也表示感谢。

　　由于本书编者的水平有限，书中难免会有疏漏和不足之处，恳请广大读者和同行不吝赐教。

编　者

2017 年 11 月

前　言（第二版）

　　本书是和《C 语言程序设计（第二版）》（中国铁道出版社出版，邱富杭、曾健民主编）配套使用的学习指导书，通过强化 C 语言主要知识点和习题解答、典型案例精解以及实验操作、附加习题的练习，使学生掌握 C 语言的基本概念和实际应用技巧。

　　本书针对学生初始接触程序设计概念的特点，结合 C 程序设计语言，通过列举大量应用实例，浅显、系统地介绍面向过程、模块化和结构化程序设计的思想和方法。在此基础上，结合上机实践，使学生对程序设计有一个比较全面的了解，为学生今后的学习打下扎实的基础。

　　C 语言程序设计的知识与技能要求分为了解、理解、掌握、学会 4 个层次。这 4 个层次的一般含义表述如下：

　　了解：是指对这门课程的有关概念、算法、设计方法和应用方向的认知。

　　理解：是指能对本课程涉及的有关概念、原理与方法给出说明和解释，并清楚它们的使用方法和实际应用。

　　掌握：是指能运用已理解的概念、方法和算法分析有关的具体问题，并熟练运用所学的知识进行程序设计。

　　学会：是指能模仿或在教师指导下独立完成某些教学知识和技能的操作任务，并能识别程序设计中出现的问题。

　　全书共 9 章，各章内容有 5 部分。第一部分为本章要点，概括主要知识点；第二部分为习题参考解答，是《C 语言程序设计（第二版）》教材中的习题参考解答，并对部分概念性较强的习题给出注解；第三部分为典型案例精解，以案例导入对主要知识点的分析；第四部分为实验操作题，针对知识点，培养实践能力，安排上机实验内容，并给出所有上机实验的参考解答；第五部分为附加习题，精选历年福建省高等学校计算机应用水平等级考试（二级 C 语言）典型题目，强化对主要知识点的掌握。全书紧扣相关知识点，内容丰富，实用性强，语言简洁，通俗易懂，内容叙述由浅入深，适合作为大学理工专业本科和高职高专院校的教学参考书，也可供一般工程技术人员参考。

　　本书所给出的程序参考答案并非唯一答案，对于同一题目，其算法不一定唯一，不同的设计思路编写的程序可能会有所区别，本书给出的只是参考答案，旨在启发思维。

本书给出的所有程序都在 Turbo C 及 Visual C++环境下调试通过。

  本书由闽南理工学院具有丰富教学经验的邱富杭和曾健民编著，其中第 1～3 章由曾健民编写，第 4～9 章、附录由邱富杭编写。中国铁道出版社为本书的出版提供了大力支持，在此表示感谢。在本书编写过程中参考了部分书籍和资料，在此向其作者表示衷心的感谢！

  由于编者水平有限，书中疏漏与不足之处在所难免，恳请广大读者和同行批评指正。

编 者

2012 年 10 月

目　　录

第 1 章 C 语言基础

1.1 本 章 要 点

【知识点 1】 C 语言的由来

C 语言是 1972 年由美国的 Dennis Ritchie 和 Ken Thompson 共同设计并实现的,并首次在 UNIX 操作系统的 DEC PDP-11 计算机上使用。1978 年,美国电话电报公司(AT&T)贝尔实验室正式发布了 C 语言,同时由 B.W.Kernighan 和 D.M.Ritchie 合著了著名的 *The C Programming Language* 一书。C 语言的诞生改变了程序设计语言发展的轨迹,是程序设计语言发展过程中的一个重要里程碑。C 语言和 UNIX 的发明者 Dennis Ritchie 和 Ken Thompson 于 1983 年获得了计算机界的最高奖——图灵奖。

【知识点 2】 C 语言的发展

C 语言的发展经历了以下过程:1970 年贝尔实验室的 Ken Thompson 以 BCPL 语言为基础设计了 B 语言,并开发了第一个 UNIX 操作系统;1972 年开发 C 语言并保持了 BCPL 和 B 语言的精练与接近硬件的优点,克服了它们过于简单、数据无类型的缺点,1973 年使用 C 语言修改了 UNIX 操作系统。1978 年 C 语言被移植到大、中、小和微型计算机上。1987 年公布了 87 ANSIC 版本。1983 年在 C 语言基础上推出 C++语言。1990 年 ISO 接受 87 ANSI C 为 ISO C 的标准,该标准是 C 编译器的标准。2011 年 12 月 8 日,ISO 正式公布 C 语言新的国际标准草案:ISO/IEC 9899:2011,即 C11。

【知识点 3】 C 语言的特点

C 语言是一种结构化的程序设计语言;C 语言程序简洁明了、方便灵活;C 语言功能强大,兼有高级语言和低级语言的特征,可以直接访问内存的物理地址,进行位(bit)操作;C 语言的目标代码质量高,程序执行效率高;C 语言可移植性好,基本上不做修改就能用于各种型号的计算机和各种操作系统。

【知识点 4】 C 语言的应用

C 语言已成为程序员使用最多的编程语言之一,无论是面向硬件编程,还是面向大型数据库编程;无论编写应用软件,还是编写操作系统,C 语言都是首选编程语言。C 语言的应用主要有以下几个方面:数据库管理、图形图像系统、设备接口、数据结构、排序和检索等。

【知识点 5】 C 语言程序在结构上的特点

一个 C 语言程序由一个或多个文件组成,每个文件由一个或多个函数组成,函数是构成 C 语言程序的最小模块。C 语言程序实际上是一个函数串。在组成 C 语言程序的若干函数中,有且仅有一个是主函数。

C 语言程序是从主函数开始执行的，程序中的其他函数都是被主函数或是由主函数调用的函数调用的，函数之间是调用关系，不能在一个函数中定义另一个函数。

函数由函数头和函数体构成，函数包括函数类型、函数名、圆括号和参数表；函数体是由一对花括号括起的若干条语句组成的；语句由分隔符进行分隔的若干单词组成。

【知识点 6】C 语言程序在书写上的约定

由于 C 语言程序可读性较差，因此要求按下列习惯书写 C 语言程序：

通常一行写一条语句，有些语句可写多行；每条语句以分号结束；花括号按规定格式书写；采用缩进方法；适当使用注释信息。

【知识点 7】C 语言程序开发的具体实现

C 语言程序的具体实现包括：单文件程序的实现；多文件程序的实现。

【知识点 8】运行 C 程序的步骤和方法

VC++ 6.0 集成开发环境运行一个 C 语言程序的一般过程如下：

（1）启动 VC++ 6.0 集成开发环境。

（2）新建工程（Win32 Console Application）。

（3）新建文件（C++ Source File），文件扩展名应为.c。

（4）编辑或修改源程序。

（5）编译（Ctrl+F7），如出错回到第（4）步。

（6）运行（Ctrl+F5），如出错回到第（4）步。

（7）保存程序。

（8）关闭 VC++ 6.0 集成开发环境。

【知识点 9】C 语言的数据类型及运算符

C 语言的数据类型丰富，数据类型有整型、实型、字符型、无符号整型、数组类型、指针类型、结构体类型、共用体类型、枚举型等。C 语言运算符丰富，表达式类型有赋值表达式、算术表达式、关系表达式、逻辑表达式、条件表达式、逗号表达式以及位运算等。

【知识点 10】常量和变量

常量：其值不能被改变的量，有一般常量和符号常量两种。

直接常量（字面常量）有整型常量，如 12、0、−3 等；实型常量，如 4.5、−1.234 等；字符常量，如'a'、'1'等，用单引号表示，占一个字节；字符串常量，如"a"、"abc"、"1"等，用双引号表示。符号常量即是用一个标识符来代替一个常量；符号常借助于预处理命令 define 来实现。

变量：变量在程序运行过程中，其值会发生变化。每个变量必须有一个名字，变量名是标识符，用来标识数据对象，是一个数据对象的名字，其命名规则是：以字母或下画线开始，后跟字符、数字或下画线。

【知识点 11】整型常量的表示方法

十进制：如 123、−456、0。

八进制数：如 0123、−011（以 0 开头）。

十六进制数：如 0x123、−0x12、0xABC（以 0x 开头）。

【知识点 12】整型变量

整型数据在内存中以二进制形式存放，每一个整型变量在内存中占 2 个字节。整型变量的分类有基本型（int）、短整型（short）、长整型（long）、无符号型（unsigned）。对变量的定义，一般放在函数体开头部分的声明部分（也可放在函数中某一分程序内）。

【知识点 13】整型数据的溢出

一个 int 型变量的最大允许值为 32 767，如果再加 1，其结果不是 32 768，而是 -32 768，此即"溢出"。

【知识点 14】整型常量的类型

一个整数在 -32 768～32 767 内，则为 int 型，可以赋给 int 型和 long int 型变量。

一个整数超过上述范围，在 -2 147 483 648～2 147 483 647 内，则为 long int 型，可赋给 long int 型变量。

如果 short int 和 int 型数据在内存中占据长度相同，则其范围与 int 相同。

常量无 unsigned 型，但可将非负且在取值范围内的整数赋给 unsigned 型变量。

在一个整常量后面加一个字母 l 或 L，则认为是 long int 型常量。

【知识点 15】浮点型常量的表示方法

十进制浮点数：如 0.123、.456、0.0，123.、123.0。整数部分和小数部分都可省略，但不能同时省略。

指数形式：如 123e3、123E3 代表 123×10^3。指数部分为整型常数；尾数部分可以是整型常数，也可以是实型常数；尾数部分和指数部分均不可省略。E10、100.e15.2、.e5 均为不合法的浮点数。

【知识点 16】浮点型变量

浮点型数据在内存中是按照指数形式存储的。一个浮点型数据一般在内存中占 4 个字节（32 位）。浮点型变量的分类有单精度（float）、双精度（double）、长双精度（long double）。

【知识点 17】字符型数据

字符常量是括在一对单引号中的一个字符（单引号仅作界限符），如 'a'、'X' 为字符常量；一个字符常量占 1 B，存放的是字符的 ASCII 码值。

转义字符以 '\' 开头，后跟一个约定的字符或所要表示字符的十六进制（或者八进制）的编码；'\0' 表示编码值为 0 的字符，即 NULL，它与数值常数 0 等同。

字符变量用来存放字符常量，一个字符变量在内存中占一个字节。

字符数据的存放形式及使用方法是将字符常量放到字符变量中，实际上是将其 ASCII 码值放到变量所占的存储单元中。在 0～255 之间，字符型数据和整型数据可以通用，即一个字符数据既可以以字符形式输出，也可以以整数形式输出，还可以互相赋值。

字符串常量由括在一对双引号中的 0 个或多个（除 "\" 与双引号自身之外）C 语言字符集中的任何字符及转义字符组成；双引号仅作界限符；注意 "a" 与 'a' 是不同的（表示形式不同、存储方式不同；后者可像整数那样参加运算，前者不能）。

【知识点 18】变量赋初值

在定义变量时对变量进行赋值称为变量的初始化；对变量赋初值，仅表示该变量在程序运行过程中执行本函数时的初值。

格式：类型说明符　变量1=值1,变量2=值2,…;

例如：

```
int a=3,b=4,c=5;
float x=3.4,y=0.75;
char ch1='K',ch2='P';
```

注意：int a,b,c=5;　只对 c 初始化，值为 5；对几个变量赋以同一个初值时，int a=b=c=5; 是非法的；int a=5,b=5,c=5; 是合法的。（注：a=b=c=5;是合法的赋值语句）

【知识点 19】各类数值型数据间的混合运算

混合算术表达式，如 20+'a'+ i*f − d/e，需自动转换成同一类型再运算，转换的规则如下例。

设有"int i=2; float f=3.5; double d=16.0; long e=2;"则 20+'a'+i*f − d/e 的运算次序为：

① 进行 20+'a'的运算，转换'a'为 97，结果为整数 117。

② 进行 i*f 的运算，将 i 和 f 都转成 double 型。

③ 整数 117 与 i*f 的积相加，先将 117 转化成双精度数，结果为 double 型。

④ 将变量 e 转化成 double 型，d/e 的结果为 double 型。

⑤ 将 20+'a'+i*f 的结果与 d/e 的商相减，结果为 double 型。

以上数据类型转换都是由 C 语言编译系统自动隐含完成的，故称自动类型转换型。

【知识点 20】算术运算符和算术表达式

基本的算术运算符有*、/、% 、−，左结合性。

算术表达式是用算术运算符和括号将运算对象（操作数）连接起来的、符合 C 语法规则。

强制类型转换运算符的格式：(类型关键字或类型名)表达式

自增与自减运算符有：++、--。

基本运算有：++i、i++、--i、i--。

注意：

①++和--只能用于变量，不能用于表达式或常量， 如 2++或 (i+j)--是非法的。

②++、--运算符的结合方向是"右结合"，如-i+ +不等于(-i)++。

③++、--运算常用于循环控制、数组的下标处理等场合。

④i+++j 应理解为(i++)+j。

⑤ printf("%d, %d",i,i++);最好写成 j=i++; printf("%d,%d",i,j); 当 i 的初值为 3 时，其结果为 4,3。

【知识点 21】赋值运算符和赋值表达式

赋值运算符：=。

类型转换规则：把赋值运算符右边表达式的数据类型转换成左边对象的类型。注意：实型赋给整型变量时，舍去实数的小数部分；整型赋给实型变量时，数值不变，以浮点形式存储；一个较短的有符号的 int 型数据转换成一个较长的有符号 int 型数据总是进行符号扩展，以保证数据的正确性；一个较长的有符号 int 型数据转换成一个较短的有符号 int 型数据时把较长的有符号 int 型数据的高位部分截去。

复合的赋值运算符：在"="之前加上其他运算符，可构成复合运算符。C 语言中有 10 种复合赋值运算符： =、-=、*=、/=、%=、<<=、>>=、&=、^=、|=。

赋值表达式：<变量><赋值运算符>< 表达式/值>

嵌套赋值表达式：e1=e2=…=en，如 a=b=c=d=100 等价于 a=(b=(c=(d=100)))。　e1、e2、…、en 不必具有相同的数据类型。

【知识点 22】逗号运算符和逗号表达式

语法：表达式 1,表达式 2,…,表达式 n

语义：依次求各个表达式的值，最后一个表达式的值作为整个逗号表达式的值。

逗号表达式常用在 for 语句中,优先级别最低,C 语言中,逗号有两种用途(分隔符、运算符)。

1.2　习题参考解答

1.选择题

（1）C　（2）D　（3）B　（4）C　（5）C　（6）B　（7）C　（8）C
（9）D　（10）A

2.填空题

（1）机器语言　　汇编语言　　高级语言

（2）机器语言

（3）ALGOL 60

（4）函数

（5）main()

（6）#include

（7）定义　　使用

（8）声明部分　　执行部分　　声明部分　　执行部分

（9）整型　　字符型　　实型

（10）字母　　数字　　下画线　　字母　　下画线

（11）直接　　符号　　符号

（12）0　　0x 或 0X

（13）1　　2

（14）4　　8

（15）−32 768～32 767

（16）0

（17）x+=1;

（18）26

（19）109

（20）1,2,3,4

（21）D=7,E=4

（22）aabb　　cc　　abc
　　　　　A　N

（23）① 24　　② 0　　③ 60　　④ 0　　⑤ 0　　⑥ 0

（24）① a>10&&a<15　　　② x>1 &&y>10　　　③ x>10||y>10　　　④ x!=10

（25）① 0　　② 1　　③ 1　　④ 0　　⑤ 1

（26）① int a,b;　　② x=y=0;　　③ x+=y;　　④ int x; x++;　　⑤ y=x--;

1.3　典型案例精解

【案例 1.1】C 语言的主要应用有哪些？

【参考答案】

① 编写系统软件和大型应用软件，如 UNIX、Linux 等操作系统。

② 在软件需要对硬件进行操作的场合，用 C 语言明显优于其他高级语言。例如，各种硬件设备的驱动程序（如显卡驱动程序、打印机驱动程序等）一般都是用 C 语言编写的。

③ 在图形、图像及动画处理方面，C 语言具有绝对优势，如游戏软件的开发。

④ 随着计算机网络飞速发展，特别是 Internet 的出现，计算机通信显得尤为重要，而通信程序的编制首选为 C 语言。

⑤ C 语言适用于多种操作系统，如 Windows、UNIX、Linux 等绝大多数操作系统都支持 C 语言，其他高级语言未必能得到支持，所以在某个特定操作系统下运行的软件用 C 语言编写是最佳选择。

【案例 1.2】编写一个实现某种功能的 C 语言程序，必须经历哪几个步骤？

【参考答案】

① C 语言编程工具的安装。

② 源程序编辑。

③ 源程序编译。

④ 程序连接。

⑤ 程序运行。

【案例 1.3】C 语言属于（　　　）。

A. 机器语言　　　　　B. 低级语言　　　　　C. 中级语言　　　　　D. 高级语言

【答案】D

【解释】机器语言是计算机唯一能识别的语言，是二进制语言，其他语言程序都必须将其编译为机器语言才能运行。低级语言是一种机器语言的符号化语言，如汇编语言。而其他语言一般是高级语言，C 语言就是高级语言。所以选择 D。

【案例 1.4】C 语言程序能够在不同的操作系统下运行，这说明 C 语言具有很好的（　　　）。

A. 适应性　　　　　B. 移植性　　　　　C. 兼容性　　　　　D. 操作性

【答案】B

【解释】所谓移植性就是在某操作系统下编写的程序能够在其他操作系统下编译运行，而源程序几乎不需要做任何修改。所以选择 B。

【案例 1.5】一个 C 语言程序由（　　　）。

A. 一个主程序和若干子程序组成　　　　　B. 函数组成

C. 若干过程组成　　　　　D. 若干子程序组成

【答案】B

【解释】C 语言程序是由函数构成的，所谓函数是指功能相对独立的可以反复执行的一段程序，在某些程序设计语言中也称过程，在 C 语言中叫函数。所以选择 B。

【案例 1.6】C 语言规定，在一个源程序中，main()函数的位置（　　　）。

A. 必须在最开始
B. 必须在系统调用的库函数的后面
C. 可以任意
D. 必须在最后

【答案】C

【解释】根据 C 语言的规定，任何程序有且仅有一个 main()函数，main()函数可以出现在程序的任何地方，没有位置的限制。所以选择 C。

【案例 1.7】C 语言程序的执行，总是起始于（　　　）。

A. 程序中的第一条可执行语句
B. 程序中的第一个函数
C. main()函数
D. 包含文件中的第一个函数

【答案】C

【解释】在一个 C 语言源程序中，无论 main()函数编写在程序的前部还是后部程序的执行总是从 main()函数开始，并且在 main()函数中结束。所以选择 C。

【案例 1.8】下列说法中正确的是（　　　）。

A. C 语言程序编写时，不区分大小写字母
B. C 语言程序编写时，一行只能写一条语句
C. C 语言程序编写时，一条语句可分成几行书写
D. C 语言程序编写时，每行必须有行号

【答案】C

【解释】C 语言严格区分大小写字母，如"A1"和"a1"被认为是两个不同的标识符，C 语言程序的书写非常灵活，既可以一行多句，又可以一句多行，且每行不加行号。所以选择 C。

【案例 1.9】以下叙述不正确的是（　　　）。

A. 一个 C 源程序可由一个或多个函数组成
B. 一个 C 源程序必须包含一个 main()函数
C. C 语言程序的基本组成单位是函数
D. 在 C 语言程序中，注释说明只能位于一条语句的后面

【答案】D

【解释】C 语言是由函数组成的，有且仅有一个 main()函数，所以 C 语言程序的基本组成单位是函数。故 A、B、C 的说法都是正确的。C 语言中的注释可以出现在一条语句的后面，也可以出现在一条语句或函数之前，故 D 是错误的。所以选择 D。

【案例 1.10】以下对 C 语言特点，描述不正确的是（　　　）。

A. C 语言兼有高级语言和低级语言的双重特点，执行效率高
B. C 语言既可以用来编写应用程序，又可以用来编写系统软件
C. C 语言的可移植性较差
D. C 语言是一种结构式模块化程序设计语言

【答案】C

【解释】C语言是介于汇编语言和高级语言之间的一种语言，由于它可以直接访问物理地址，对硬件操作，所以C语言既可以编写应用程序，又可以开发系统软件，而且C语言程序可移植性好于汇编语言，程序清晰，具有模块化的特点。所以选择C。

【案例1.11】C语言源程序的最小单位是（　　）。

A. 程序行　　　　B. 语句　　　　C. 函数　　　　D. 字符

【答案】D

【解释】程序行、语句、函数都是由字符构成的，字符是C语言的最小单位。所以选择D。

【案例1.12】C语言程序的注释是（　　）。

A. 由"/*"开头，"*/"结尾　　　　B. 由"/*"开头，"/*"结尾

C. 由"//"开头　　　　D. 由"/*"或"//"开头

【答案】A

【解释】在标准C语言程序中，注释是由"/*"开头，"*/"结尾。在C++程序中，也可以由"//"开头对单行进行注释。所以选择A。

【案例1.13】C语言程序的语句都是以（　　）结尾。

A. "."　　　　B. ";"　　　　C. ","　　　　D. 都不是

【答案】B

【解释】根据C语言的规定，在程序中所有的语句均必须由";"结尾。所以选择B。

【案例1.14】标准C语言程序的文件名的扩展名为（　　）。

A. .c　　　　B. .cpp　　　　C. .obj　　　　D. .exe

【答案】A

【解释】.c是标准C语言程序文件名的扩展名；.cpp则是C++程序文件名的扩展名；.obj是源程序经编译后所生成的目标文件的扩展名；.exe则是源程序经编译、连接后生成的执行文件的扩展名。所以选择A。

【案例1.15】C语言程序经过编译以后生成的文件名的扩展名为（　　）。

A. .c　　　　B. .obj　　　　C. .exe　　　　D. .cpp

【答案】B

【解释】C语言源程序经编译后生成目标（object）文件，其文件名扩展名为.obj。所以选择B。

【案例1.16】C语言程序经过连接以后生成的文件名的扩展名为（　　）。

A. .c　　　　B. .obj　　　　C. .exe　　　　D. .cpp

【答案】C

【解释】C语言源程序经连接后生成可执行（execute）文件，其文件名扩展名为.exe。所以选择C。

【案例1.17】C语言编译程序的首要工作是（　　）。

A. 检查C语言程序的语法错误　　　　B. 检查C语言程序的逻辑错误

C. 检查程序的完整性　　　　D. 生成目标文件

【答案】A

【解释】C语言编译程序的首要工作就是检查C语言程序中是否存在语法错误，如果有则给出错误的提示信息，如果没有则生成的目标文件（.obj）。编译程序对程序中的逻辑错误和程序的完

整性是不检查的。所以选择 A。

【案例 1.18】计算机工作时，内存储器用来存储（　　　）。

A．程序和指令 B．数据和信号

C．程序和数据 D．ASCII 码和数据

【答案】C

【解释】计算机内存按所存信息的类别一般分为两大类，即程序和数据。程序是用来控制计算机完成某项任务的指令的集合，而数据是程序运行处理的对象。A 只说明是程序。B 和 D 只说明是数据。因为信号和 ASCII 码均为数据，所以选择 C。

【案例 1.19】语言编译程序若按软件分类则是属于（　　　）。

A．系统软件 B．应用软件

C．操作系统 D．数据库管理系统

【答案】A

【解释】软件根据其用途分为两大类：系统软件和应用软件。各种编程语言的编译程序、操作系统、数据库管理软件都是属于系统软件。所以选择 A。

【案例 1.20】在计算机内一切信息的存取、传输和处理都是以（　　　）形式进行的。

A．ASCII 码 B．二进制 C．十进制 D．十六进制

【答案】B

【解释】计算机只能识别二进制数。所有的信息（包括指令和数据）都是以二进制形式来存放，也是以二进制形式来进行处理的。所以选择 B。

【案例 1.21】在 C 语言系统中，假设 int 类型数据占 2 个字节，则 double、long、unsigned int、char 类型数据所占字节数分别为（　　　）。

A．8，2，4，1 B．2，8，4，1

C．4，2，8，1 D．8，4，2，1

【答案】D

【解释】C 语言系统中，如果 int 型数据占 2 字节，则说明该系统是 16 位的系统，此时 double 型数据占 8 字节，long 型数据占 4 字节，unsigned int 型数据占 2 字节，char 型数据占 1 字节，所以选择 D。

【案例 1.22】以下 4 个选项中，均是不合法的用户标识符的选项是（　　　）。

A．A　　P_O　　do B．float　la0　　_A

C．b-a　　sizeof　　int D．_123　temp　int

【答案】C

【解释】根据 C 语言中对标识符的规定：A 中的 A、P_O 是合法的，do 是关键字，非法；B 中 la0、_A 是合法的，float 是关键字，非法；C 中 b-a 非法，因 "-" 不是标识符中的有效字符，sizeof 和 int 均是关键字，非法；D 中_123、temp 是合法的，int 是关键字，非法。故只有 C 全错，所以选择 C。

【案例 1.23】以下 4 个选项中，均是合法整型常量的选项是（　　　）。

A．160　　-0xffff　　011 B．-0xcdf　　01a　　0xe

C．-01　　986,012　　0668 D．-0x48a　　2e5　　0x

【答案】A

【解释】A 中 160 是十进制数，–0xffff 是十六进制数，011 是八进制数，均合法；B 中 01a 非法，因为 a 不是八进制数码；C 中 986,012 非法，不能包含"，"，0668 非法，因为 8 不是八进制数码；D 中 0x 非法，因为后面没有有效的十六进制数码。所以选择 A。

【案例 1.24】以下 4 个选项中，均是不合法的浮点数的选项是（　　　）。

A. 160.　0.12　　e3　　　　　　　　　　B. 123　2e4.2　.e5

C. –.18　123e4　　0.0　　　　　　　　　D. –e3　.234　　1e3

【答案】B

【解释】C 语言中的浮点数有两种形式，一种为十进制小数形式，一种为指数形式，其一般形式为 aEn，a 为十进制数，n 为十进制整数，都不可省略。A 中 e3 非法，因为只有阶码 3 没有尾数，其余两数都是合法的浮点数；B 中 123 是整数，不是浮点数，2e4.2 阶码部分 4.2 是浮点数，不是整数，故是非法的，.e5 尾数部分不能只有小数点，也是非法的；C 中的 3 个数均是合法的浮点数；D 中的.234 和 1e3 也是合法的，只有–e3 非法。所以选择 B。

【案例 1.25】以下 4 个选项中，均是不合法的转义字符的选项是（　　　）。

A. '\"'　　'\\'　　'\xf'　　　　　　　　B. '\1011'　'\'　　'\ab'

C. '\011'　'\f'　　'\}'　　　　　　　　D. '\abc'　'\101'　'x1f'

【答案】B

【解释】A 中均为合法的转义字符；B 中'\1011'的\后面多于 3 位八进制数是非法的，'\'不能标识\字符，是非法的，'\ab'的后面漏掉了 x 是非法的；C 中'\011'是合法的；D 中'\101'是合法的；故都不合法的只有 B，所以选择 B。

【案例 1.26】以下 4 个选项中，均是正确的数值常量或字符常量的选项是（　　　）。

A. 0.0　0f　8.9e　'&'　　　　　　　　B. "a" 3.9e–2.5 1e1　'\"'

C. '3'　011 0xff00 0a　　　　　　　　D. +001 0xabcd 2e2 50.

【答案】D

【解释】A 中 0f、8.9e 是非法的数值常量；B 中"a"是字符串常量，是非法的数值常量或字符常量；C 中 0a 是非法的数值常量；D 中均是合法的数值常量。所以选择 D。

【案例 1.27】以下程序段输出结果是（　　　）。

```
int i=5,k;
k=(++i)+(++i)+(i++);
printf("%d,%d",k,i);
```

A. 24,8　　　　　B. 21,8　　　　　C. 21,7　　　　　D. 24,7

【答案】B

【解释】k=(++i)+(++i)+(i++)表达式中，"++"号在 i 前面的有两个，所以在计算 k 之前，i 要先加两次 1，即 i 变为 7，然后再将 3 个 7 相加，使得 k 的值为 21，表达式中"++"号在 i 后面的有一个，所以得出 k 的值以后 i 又增 1 次变为 8。所以选择 B。

【案例 1.28】以下程序段的输出结果是（　　　）。

```
short int i=32769;
printf("%d\n",i);
```

A．32769　　　　　B．32767　　　　　C．–32767　　　　　D．输出不是确定的数

【答案】C

【解释】因(32769)₁₀ =(1000 0000 0000 0001)₂，所以 i 的值在内存中补码形式表示为 1000 0000 0000 0001，最高位是 1 表示负数，其表示的有符号数是–(0111 1111 1111 1111)₂，即十进制数–32767。所以选择 C。

【案例 1.29】若有说明语句：char c = '\72';，则变量 c（　　　）。

A．包含 1 个字符　　　　　　　　　　B．包含 2 个字符

C．包含 3 个字符　　　　　　　　　　D．说明不合法，c 的值不确定

【答案】A

【解释】因为'\72' 是转义字符，表示其 ASCII 码为八进制数 72 的字符，即':'字符，所以选择 A。

【案例 1.30】若有定义：int a=7;float x = 2.5, y = 4.7;，则表达式 x + a % 3*(int)(x + y)%2/4 的值是（　　　）。

A．2.500000　　　　　B．2.750000　　　　　C．3.500000　　　　　D．0.000000

【答案】A

【解释】本题考查运算符的优先级概念，式中要先算(x+y)的值，再进行强制类型变换，*、/、%是同级的运算符，要从左到右计算，最后算加法。所以选择 A。

【案例 1.31】以下程序的功能为已知商品的单价及数量求商品的总价值。写出程序运行结果

```
#define PRICE   30
main()
{
    int num,total;
    num=10;
    total=num*PRICE;
    printf("total=%d",total);
}
```

【答案】total=300

【解释】

① 程序中用#define 命令行定义 PRICE 代表常量 30,此后凡在此文件中出现的 PRICE 都代表 30，可以和常量一样进行运算。

② 符号常量不同于变量，它的值在其作用域内不能改变，也不能再被赋值。如再用赋值语句 PRICE=40;给 PRICE 赋值是错误的。

【案例 1.32】在下列符号中，可以选用哪些作变量名？哪些不可以？

a3B、3aB、Π、、+a、-b、*x、$、_b5_、if、next_、day、e_2、OK?、Integer、MAXNUMBER、i*j

【答案】_b5_、a3B、next_、day、e_2、MAXNUMBER 可作变量名，其他不可以作变量名。

【解释】

① MAXNUMBER 可作变量名。习惯上符号常量名用大写，变量名用小写以示区别，但大写

字母作变量名并无错误。

② if、integer 属于保留字，保留字不可作变量名。

③ Ⅱ、 +a 、 –b、 *x、 $ 、 OK?、 i*j 不可作变量名，因为变量名只能由字母、数字和下画线 3 种字符组成。

④ 3aB 不可作变量名，因为变量名的第一个字母必须为字母或下画线。

【案例 1.33】写出下列程序的输出结果。

```
main()
{
    float a;
    a=111111.666666;
    printf("%f",a);
}
```

【答案】111111.664062

【解释】

① 一个实型常量不分 float 型和 double 型。一个实型常量可以赋给一个 float 型或 double 型变量。根据变量的类型截取实型常量中相应的有效位数字。

② 由于 float 型变量只能接收 7 位有效数字，因此在把 111111.666666 赋给 a 时，a 只接收了111111.6，由于输出函数 printf()中的%f 格式表示输出小数点后的 6 位小数，所以 111111.6 后的64062 属于无意义数字。

③ 如果 a 改为 double 型，则能全部接收上述 12 位数字。

【案例 1.34】若有说明语句 char c='\729';，则变量 c（　　　　）。

A.包含 1 个字符　　　　　　　　　　　　B.包含 2 个字符

C.包含 3 个字符　　　　　　　　　　　　D.说明不合法

【答案】D

【解释】"\" 后可以有 1 到 3 位八进制所代表的字符，本题中 "\" 后的 "72" 属于八进制所代表的字符，而 "9" 则不属于八进制位所代表的字符，则'\729'中包含了两个字符常量'\72'和'9'，而字符常量是用引号（即撇号）括起来的一个字符，所以选择 D。

【案例 1.35】以下程序的功能是将小写字母转换成大写字母。写出程序运行结果。

```
main()
{
    char c1;
    c1= 'a';
    c1=c1-32;
    printf("%c",c1);
}
```

【答案】A

【解释】

① 'a'的 ASCII 码值为 97，所以 c1='a';语句的功能是把 97 赋值给 c1。

② c1=c1-32;语句的功能是把 97–32 的值 65 赋值给 c1。

③ printf()函数中的%c 格式表示以字符方式输出。ASCII 码值为 65 的字符为 A，所以选择 A。

【案例 1.36】写出下列程序的输出结果。

```
main()
{
    printf("%d,%d\n",5/3,5%3);
    printf("%d,%d\n",-5/-3,-5%-3);
    printf("%d,%d\n",-5/3,-5%3);
    printf("%d,%d\n",5/-3,5%-3);
}
```

【答案】

```
1,2
1,-2
-1,-2
-1,2
```

【解释】

① 两个同号整数相除时结果为正整数，如 5/3、-5/-3 的结果值为 1。两个异号整数相除时结果为负整数，多数机器采取"向零取整"法，即-5/-3=-1，5/-3=-1，但如果参加运算的两个数中有一个数为实数时结果为实数。对于求余（%）运算，运算结果与第一个数的符号相同。

② 优先级别：先*、/、%后+、-。

③ 运算量：双元运算量，%前后必须为整数。

④ 左右结合性：自左至右参预运算。

【案例 1.37】若 x 和 n 均是 int 型变量，且 x 和 n 的初值均为 5，则计算表达式 x+=n++后 x 的值为_____，n 的值为_____。

【答案】10　6

【解释】根据优先级别选运算表达式 n++，因为 n++是后缀表示形式，所以 n 先参预运算，再运算表达式 x+=n，则 x 为 10，最后 n 自加为 6。

C 语言中有 4 种形式的自加自减运算符：++i（先使 i 加 1，后使用），i++（先使用，后使 i 加 1），--i（先使 i 减 1，后使用），i--（先使用，后使 i 减 1）。优先级别：高于算术运算。

【案例 1.38】已知 x=43,ch='A',y=0;，则表达式(x>=y&&ch<'B'&&!y)的值是_____。

A. 0　　　　　　　　B. 语法错　　　　　　C. 1　　　　　　　　D. "真"

【答案】C

【解释】C 语言不提供逻辑性数据"真"和"假"，在进行逻辑运算时则把"非零"作为"真"，把 0 作为"假"，所以运算结果是 1。所以选择 C。

【案例 1.39】以下程序的运行结果是_____。

```
main()
{
    int k=4,a=3,b=2,c=1;
    printf("%d",k<a?k:c<b?c:a);
}
```

【答案】1

【解释】条件表达式是从右向左运算，所以在本例中先计算表达式 c<b?c:a 的值，把各数值代入此表达式的值为 1。再计算表达式 k<a?k:1 的值，因为 k<a 为假，所以整个表达式的值为 1。

【案例 1.40】以下符合 C 语言语法的赋值表达式是（　　）。

A.　d=9+e+f=d+9　　　　　　　　　B.　d=(9+e,f=d+9)

C.　d=9+e,e++,d+9　　　　　　　　 D.　d=9+e++=d+7

【答案】B

【解释】表达式 d=9+e+f=d+9 中 9+e+f=d+9 是不正确的表示形式，因为赋值号（=）左边不能是表达式。表达式 d=9+e,e++,d+9 是逗号表达式，因为赋值运算符（=）的优先级别高于逗号运算符（,）。表达式 d=9+e++=d+7 中 9+e++=d+7 是不正确的表达式，因为赋值号（=）左边不能是表达式。所以选择 B。

1.4　实验操作题

【实验一】Turbo C 的基本操作

1. 实验目的

① 掌握 C 源程序的基本结构。

② 熟悉 Turbo C 系统的操作界面。

③ 能熟练启动 Turbo C 和退出 Turbo C。

④ 掌握在 Turbo C 中建立、运行、修改、保存和装载源程序的方法。

⑤ 掌握插/删字符和插/删行等基本的编辑操作。

2. 实验内容

以下是 3 个从最简单到稍复杂的 C 源程序，仔细阅读程序并在 Turbo C 中建立和运行程序，以熟悉 C 源程序的基本结构和 Turbo C 的基本操作流程。

（1）源程序 1

```
#include <stdio.h>
main()
{
    printf("My first program!");
    getch();
}
```

① 在编辑窗口录入该程序后，选择 Run 菜单中的 Run 命令来完成程序的编译、连接和运行，最后用 Run 菜单中的 User Screen 命令重现屏幕上的运行结果。

② 在函数体中插入一行语句，使上面的源程序变成：

```
#include <stdio.h>
main()
{
```

```
        printf("My first program!");
    }
```

再次运行程序并仔细观察运行结果，这次是先清屏，再从窗口的左上角开始显示"My first program!"。

（2）源程序 2

```
#include <stdio.h>
main()
{
    int a, b;    /*定义变量 a、b 为 int 类型*/
    float div;   /*定义变量 div 为 float 类型*/
    a=1;
    b=2;
    div=a/b;     /*将 a 除以 b 的值赋值给 div*/
    printf("div=%f",div);
    getch();
}
```

① 自己先分析程序的运行结果之后再运行该程序，比较自己的判断与屏幕上的结果是否一致，如果有差异，再想想错误出在什么地方。这种做法可以逐步训练自己理解程序和分析程序的能力。

② 将程序中的 int a, b;改为 float a, b;再运行程序，看看会有什么结果。

③ 删除程序中的语句 int a, b;或将该语句注释起来(/* ... */)。再运行程序，看看会有什么结果。

（3）源程序 3

```
#include <stdio.h>
main()
{
    int a,b,c;
    scanf("%d",&a);    /*输入一个整数到变量 a 中*/
    scanf("%d",&b);    /*输入一个整数到变量 b 中*/
    c=max(a,b);        /*调用 max()函数，求 a、b 中的最大值，并把结果赋值给变量 c*/
    printf("%d",c);    /*输出 c 的值*/
}
max(a,b)               /*定义 max()函数*/
int a,b;               /*定义形式参数 a 和 b*/
{
    int t;
    if(a>b)
        t=a;           /*求 a、b 中的最大值*/
    else
        t=b;
    return t;          /*返回变量 t 的值*/
```

```
    getch();
}
```

运行程序并仔细观察运行结果。

【实验二】基本数据类型的简单程序设计

1. 实验目的

① 掌握 C 语言基本数据类型的常量表示、变量的定义和使用。

② 学会使用 C 的有关算术运算符，以及包含这些运算符的表达式。

③ 掌握不同类型的数据之间赋值的规律。

④ 进一步熟悉 C 程序的结构特点，学习简单程序的编写方法。

2. 实验内容

（1）分析以下源程序的运行结果并上机调试程序，看运行结果是否与事先分析的一致。

① 源程序 1

```c
#include <stdio.h>
main()
{
    int a,b,c,d,timsum;
    a=8,b=7,c=5,d=6;
    timsum=a*b+c*d;
    printf("%d*%d+%d*%d=%d\\t%d\\n",a,b,c,d,timsum,10*5);
}
```

② 源程序 2

```c
#include <stdio.h>
main()
{
    int a=2,b=5,c=6,d=10;
    int z;
    float x,y;
    x=12;
    y=365.2114;
    z=(float)a+b;
    a+=b;
    b-=c;
    c*=d;
    d/=a;
    a%=c;
    printf("%f\\n",z);
    printf("%d %d %d %d %d\\n",a,b,c,d,a);
}
```

③ 源程序 3

```c
#include <stdio.h>
main()
{
    float m,n,s;
    printf("m=");
    scanf(" %f",&m);
    printf("n=");
    scanf("%f",&n);
    s=m*n;
    printf("s=%f\n",s);
}
```

④ 源程序 4

```c
#include <stdio.h>
main()
{
    char letter1, letter2;
    letter1='A';
    letter2=letter1+3;
    printf("%c,%d \n",letter2,letter2);
}
```

（2）编写程序，并上机调试。

① 输入矩形的长和宽，输出矩形的周长和面积。

② 输入一个字符，输出其 ASCII 代码。

③ 输入 3 个整数，输出它们的和及平均值。

1.5　附 加 习 题

一、选择题

1. 以下关于 C 语言的特点，正确的是（　　）。

A. 表达能力强且灵活

B. 可移植性好

C. 提供了丰富的数据类型，允许编程人员定义各种类型的变量指针和函数指针

D. 以上答案都对

2. "a"在内存中占（　　）个字节。

A. 1　　　　　　　　B. 2　　　　　　　　C. 3　　　　　　　　D. 4

3. 'A'+10 的结果是（　　）。

A. 'K'　　　　　　　B. "K"　　　　　　　C. 'J'　　　　　　　D. "J"

4. 有 a=b+=c+5，若 b=1，c=2，则 a 的值是（　　）。

A. 1　　　　　　　　B. 7　　　　　　　　C. 8　　　　　　　　D. 出错

5. 下列合法的变量名是（　　　　）。

A. 123　　　　　　　　B. next　　　　　　　　C. int　　　　　　　　D. *x

6. C 语言源程序的基本单位是（　　　　）。

A. 程序行　　　　　　　B. 语句　　　　　　　　C. 函数　　　　　　　　D. 字符

7. 字符型数据在微机内存中的存储形式是（　　　　）。

A. 反码　　　　　　　　B. 补码　　　　　　　　C. EBCDIC 码　　　　　D. ASCII 码

8. 用 C 语言编制的源程序要变为目标程序，必须经过（　　　　）。

A. 汇编　　　　　　　　B. 解释　　　　　　　　C. 编辑　　　　　　　　D. 编译

9. 选出可作为 C 语言用户标识符的一组标识符（　　　　）。

A. void　　　　　　　　B. a3_b3　　　　　　　　C. For　　　　　　　　D. Za

　　define　　　　　　　　_123　　　　　　　　　_abc　　　　　　　　　DO

　　WORD　　　　　　　　IF　　　　　　　　　　case　　　　　　　　　sizeof

10. 设有语句 char a='\73';，则变量 a（　　　　）。

A. 包含 1 个字符　　　　B. 包含 2 个字符　　　　C. 包含 3 个字符　　　　D. 说明不合法

11. 以下选项中正确的整型常量是（　　　　）。

A. 12.　　　　　　　　B. –20　　　　　　　　　C. 1,000　　　　　　　　D. 4 5 6

12. 若变量已正确定义并赋值，不符合 C 语言语法的表达式是（　　　　）。

A. a=a+7　　　　　　　B. a=7+b+c,a++　　　　C. (int)(12.3)%4　　　　D. a=a+7=c+b

13. 以下选项中不合法的用户标识符是（　　　　）。

A. abc.c　　　　　　　B. file　　　　　　　　C. Main　　　　　　　　D. PRINTF

14. 以下选项中正确的实型常量是（　　　　）。

A. 0　　　　　　　　　B. 3.1415　　　　　　　C. 0.329′102　　　　　　D. .871

15. Turbo C 中 int 类型变量所占字节数是（　　　　）。

A. 1　　　　　　　　　B. 2　　　　　　　　　C. 3　　　　　　　　　D. 4

16. 下列说法不正确的是（　　　　）。

A. C 程序由若干源文件组成，一个源文件由若干函数组成

B. #include 和#define 不是 C 语句

C. APH 和 aph 是两个不同的变量

D. 当输入数据时，对于整型变量只能输入整型值；对于实型变量只能输入实型值

17. scanf ( )函数的地址表列是用（　　　　）符号加上变量名表示变量的地址。

A. %　　　　　　　　　B. &　　　　　　　　　C. #　　　　　　　　　D. !

18. 以下不正确的赋值语句是（　　　　）。

A. a++;　　　　　　　B. a==b;　　　　　　　C. a+=b;　　　　　　　D. a=1,b=1;

19. 以下正确的输入语句是（　　　　）。

A. scanf("a=b=%d",&a,&b);　　　　　　　　B. scanf("a=%d,b=%f",&m,&f);

C. scanf("%3c",c);　　　　　　　　　　　　D. scanf ("%5.2f", &f);

20. 执行 scanf("%d%c%f",&a,&b,&c) 语句，若输入 1234a12f56，则变量 a、b、c 的值为
（　　　　）。

A.　a=1234 b='a' c=12.56 　　　　　B.　a=1　b='2' c=341256

C.　a=1234 b='a' c=12.0 　　　　　D.　a=1234 b='a12' c=56.0

21. 执行 scanf("a=%d,b=%d",&a,&b)语句，若要使变量 a 和 b 的值分别为 3 和 4，则正确的输入方法为（　　）。

A.　3 ,4 　　　B.　a:3 b:4 　　　C.　a=3,b=4 　　　D.　3 4

22. 设 b=1234，执行 printf("%%d@%d",b);语句，输出结果为（　　）。

A.　1234 　　　B.　%1234 　　　C.　%%d@1234 　　　D.　%d@1234

23. 下列程序的运行结果是（　　）。

```
main()
{
    char ch='a';
    printf("%c\n",ch);
    printf("%2c\n",ch);
    printf("%3c\n",ch);
}
```

A.　a 　　　　B.　ca 　　　　C.　a 　　　　D.　a

　　a 　　　　　2ca 　　　　　a 　　　　　aa

　　a 　　　　　3ca 　　　　　a 　　　　　aaa

24. 下列程序的运行结果是（　　）。

```
#include <stdio.h>
main()
{
    int a=5;
    float x=3.14;
    a*=x*('E'-'A');
    printf ("%f\n",(float)a);
}
```

A.　62.800000 　　　B.　62 　　　C.　62.000000 　　　D.　63.000000

25. 若输入 2.50，则下列程序的运行结果是（　　）。

```
main()
{
    float r,area;
    scanf("%5.2f",&r);
    printf("area=%f\n",area=1/2*r*r);
}
```

A.　0 　　　　B.　3.125 　　　C.　3.13 　　　D.　程序有错

二、填空题

1. 一个 C 源程序由若干函数构成，其中必须有一个是_____函数。

2. 286 用八进制表示是_____。

3. 21300 用十六进制表示是_____。

4. 若 x=2.5，a=7，y=4.7，则 x+a%3*(int)(x+y)%2/4 的值是_____。

5. C 语言规定对所用到的变量要_____。

6. 函数体由_____开始，由符号_____结束。函数体的前面是_____部分，其后是_____部分。

7. 在 C 语言中整数可用_____进制数、_____进制数和_____进制数 3 种数制表示。

8. 将 C 语言程序中的小写字母转换成大写字母的表达式是_____。

9. 将 C 语言程序中的数字字符码转换成对应的数字，可采用的方法是_____。

10. 若 a=3，b=3，x=3.5，y=2.5，则 (float)(a+b)/2+(int)x%(int)y 的值是_____。

11. 表达式 3.5+1/2 的计算结果是_____。

12. 若 k 为 int 整型变量且赋值 11。运算 k++后，表达式得值为_____，变量的值为_____。

13. 若 x 为 double 型变量，运算 x=3.2,++x 后，表达式的值为_____，变量的值为_____。

14. 在 C 语言程序中，用关键字_____定义基本整型变量，用关键字_____定义单精度实型变量，用关键字_____定义双精度实型变量。

15. C 程序中定义的一个变量，代表内存中的一个_____。

16. C 语言的语句分为_____语句和_____语句两大类。

17. 下列语句的运行结果是_____。

```
int a=1;
printf("%d\\%s\\%s",a,"abc","def");
```

18. getchar()函数的作用是_____。

19. 执行下列语句后，用户输入 123456abc，则 a 的值为_____，b 的值为_____，c 的值为_____。

```
#include <stdio.h>
main()
{
    int  a,b;
    char c;
    scanf("%3d%2d%3c",&a,&b,&c);
}
```

20. 以下程序的输出结果是_____。

```
#include <stdio.h>
main()
{
    int i=10;
    {
        i++;
        printf("%d",i++);
    }
    printf("%d\n",i);
}
```

三、判断题

1. C 源程序是由多个函数组成的，程序的执行是按书写顺序进行的。　　（　　）

2. 一个 C 程序可以由一个文件组成，也可由若干文件组成。　　（　　）

3. C 语言中，非 0 值作为 true，0 作为 false；若表达式取得 true 值时，结果为 1，取得 false 值时，为 0。　　（　　）

4. 为了确保表达式 n/2 的值为 float 型，可写成 float(n/2)。　　（　　）

5. 若有(float)x,则 x 变成 float 型变量。　　（　　）

6. 若 a=3,b=4,c=5，则 d=!(a%b)的值是 0。　　（　　）

7. 变量 xx 和 XX 是一样的。　　（　　）

8. C 程序中无论是整数还是实数，只要在允许的范围内都能准确无误地表示。　　（　　）

9. a 是实型变量，进行赋值 a=10，因此实型变量中允许存放整型值。　　（　　）

10. 在赋值表达式中，赋值号左边既可以是变量也可以是任意表达式。　　（　　）

11. 执行表达式 a=b 后，在内存中 a 和 b 存储单元中的原值都将被改变，a 的值已由原来的改变为 b 的值，b 的值由原来改变为 0。　　（　　）

12. C 程序由函数组成。　　（　　）

13. 有 a=3，b=5，执行 a=b，b=a;后，已使 a 的值为 5，b 的值为 3。　　（　　）

14. 在 C 程序中，运算符%仅能用于整型数的运算。　　（　　）

15. #include 和 #define 不是 C 语句。　　（　　）

16. C 程序的每一行结束都有一个 “;”。　　（　　）

17. APH 与 aph 表示不同的变量。　　（　　）

四、程序阅读题

1. 下列程序的运行结果是_____。

```c
#include <stdio.h>
main()
{
    int a,b=68;
    a=-3;
    printf("\ta=%d\n\tb=\'%c\'\n\"end\"\n",a,b);
}
```

2. 下列程序的运行结果是_____。

```c
#include <stdio.h>
main()
{
    int i,j;float a,b;char c;long m,n;
    i=5;j=-3;
    a=25.5;b=3.0;
    m=a/b; n=m+i/j;
    printf("%d\n",n);
}
```

3. 下列程序的运行结果是_____。

```c
#include <stdio.h>
#include <math.h>
main()
{
    int a=1,b=4,c=2;
    float x=10.5,y=4.0,z;
    z=(a+b)/c+sqrt((double)y)*1.2/c+x;
    printf("%f\n",z);
}
```

4. 下列程序的运行结果是_____。

```c
#include <stdio.h>
main()
{
    int x;
    x=-3+4*5-6;printf("%d,\t",x);
    x=3+4%5-6;printf("%d,\t",x);
    x=(7+6)%5%2;printf("%d,\n",x);
}
```

5. 下列程序运行后，若输入 a=2，b=3，结果是_____。。

```c
#include <stdio.h>
main()
{
    float a,b,x1,x2;
    scanf("a=%f,b=%f",&a,&b);
    x1=a*b;
    x2=a/b;
    printf("x1=%5.2f\nx2=%5.2f\n",x1,x2);
}
```

6. 下列程序的运行结果是_____。（已知'A'的 ASCII 码为 65）。

```c
#include <stdio.h>
main()
{
    char d='C';
    int c=68;
    putchar(d);
    putchar(c);
}
```

7. 下列程序的运行结果是_____。

```c
#include <stdio.h>
```

```
main()
{
    printf("\ta\n");
    printf("\t\b \'b\'\n");
    printf("\t\b\\c\\\n");
}
```

8. 下列程序的运行结果是_____。

```
#include <stdio.h>
main()
{
    int  m=7,n=4;
    float a=38.4,b=6.4,x ;
    x=m/2+n*a/b+1/2;
    printf("%f\n",x);
}
```

五、程序填空题

1. 下列程序的功能是根据所输入半径值求圆面积，并输出面积值。

```
#include <stdio.h>
#define_____
main()
{
    float r,s;
    printf("enter a number _r: ");
    _____;
    _____;
    _____;
}
```

2. 若输入 10，20，30，则程序的执行结果是 20，30，10。

```
#include <stdio.h>
main()
{
    int a,b,c;_____;
    _____;
    _____;a=b;b=c;_____;
    printf("%d,%d,%d",a,b,c);
}
```

3. 下列程序实现不借助任何变量进行 a 与 b 的交换。

```
#include <stdio.h>
main()
{
    int a,b;
```

```
        printf("Input a and b");
        scanf("%d,%d",_____) ;
        a+=_____;b=_____;a-=_____;
        printf("%d,%d\n",a,b);
    }
```

第 2 章 ┃ 简单 C 语言程序设计

2.1 本 章 要 点

【知识点 1】顺序语句

从程序流程的角度来看，程序可以分为 3 种基本结构，即顺序结构、分支结构、循环结构，这 3 种基本结构可以组成所有的各种复杂程序。顺序语句是最简单的一种程序结构，程序的执行是按照各语句出现的次序顺序执行的，并且每条语句都会被执行到。

【知识点 2】格式输出函数 printf()

printf()函数调用的一般形式为：

```
printf("格式控制字符串",输出表列);
```

"格式控制字符串"用于指定输出格式。

printf()函数的功能：在显示屏幕等输出设备上输出多个任意类型的数据。

【知识点 3】格式输入函数 scanf()

scanf()函数的一般形式为：

```
scanf("格式控制字符串",地址表列);
```

scanf()函数的功能：从键盘等输入设备输入多个任意字符。

【知识点 4】字符输出函数 putchar()

putchar()函数的一般形式为：

```
putchar("字符变量");
```

putchar()函数的功能：在显示屏幕或其他输出设备上输出单个字符。

【知识点 5】字符输入函数 getchar()

getchar()函数的一般形式为：

```
getchar();
```

getchar()函数的功能：从键盘或其他输入设备输入一个字符。

【知识点 6】字符串输出 puts ()

puts()函数的格式为：

```
puts(字符串名);
```

puts()函数的功能是向显示器等标准输出设备输出一个字符串。字符串名常为字符数组名。

【知识点 7】字符输入函数 gets( )

字符串输入函数 gets()函数的功能是从键盘一个字符串,本函数得一函数值,它是该字符串(字符数组) 的首地址。

2.2　习题参考解答

1. 选择题

（1）B　（2）A　（3）B　（4）A　（5）C　（6）A　（7）D　（8）B
（9）C　（10）D

2. 填空题

（1）printf("a=%d, b=%d",a,b);

（2）a=3□b=7 <回车>

（3）a=49,b=33

（4）a=14

3. 编程题

（1）参考源程序如下：

```c
#include <stdio.h>
main()
{
    float f,c;
    printf("printf fahrenheit :");
    scanf("%f",&f);
    c=(5.0/9)*(f-32);
    printf("Celsius is %f",c);
}
```

（2）参考源程序如下：

```c
#include <stdio.h>
main()
{
    int x,y,t;
    printf("Input x :");
    scanf("%d",&x);
    printf("Input y :");
    scanf("%d",&y);
    printf("before swap: x=%d,y=%d\n",x,y);
    t=x;
    x=y;
    y=t;
    printf("after swap: x=%d,y=%d\n",x,y);
}
```

（3）参考源程序如下：

```c
#include <stdio.h>
main()
{
```

```
    float r,h,v;
    printf("Input R:");
    scanf("%f",&r);
    printf("Input H:");
    scanf("%f",&h);
    v=3.1415926*r*r*h;
    printf("V=%f",v);
    getch();
}
```

2.3　典型案例精解

【案例 2.1】分析下列程序的输出结果。

```
#include <stdio.h>
main()
{
    int i,j,m=0,n=0;
    i=8;
    j=10;
    m+=i++;
    n-=--j;
    printf("i=%d,j=%d,m=%d,n=%d",i,j,m,n);
}
```

【答案】i=9,j=9,m=8,n=-9

【解释】本例中，定义了 4 个整型变量，并分别进行赋值。复合赋值运算符的优先维低于自增量运算符和自减量运算符。因此，"m+=i++;" 相当于执行两条语句："m=m+i;i=i+1;"，"n-=--j;" 相当于执行两语句："j=j-1;n=n-j;"。

【案例 2.2】分析下列程序的输出结果，注意其中表达式的综合运算。

```
#include <stdio.h>
main()
{
    int x=1,y=1,z=1;
    y=y+z;
    x=x+z;
    printf("%d\n",x<y?y:x);
    printf("%d\n",x<y?x++:y++);
    printf("x=%d\n",x);
    printf("y=%d\n",y);
    x=3;
    y=z=4;
    printf("%d\n",(x>=y>=z)?1:0);
    printf("(x<y==z)=%d\n",x<y==z);
```

```
    printf("(z>=y&&y>=x)=%d\n",z>=y&&y>=x);
}
```

【答案】

```
2
2
x=2
y=3
0
(x<y==z)=0
(z>=y&&y>=x)=1
```

【案例 2.3】输入一个英文字符，求其 ASCII 码和前后相邻的字符。

```
#include <stdio.h>
main()
{
    char c,lc,rc;
    printf("input c:");
    c=getchar();
    lc=c-1;
    rc=c+1;
    printf("%c,%c,%d",lc,rc,c);
}
```

【答案】

```
input c:m↙
l,n,109
```

【解释】

① 定义变量并输入字符 c；

② 计算 c 的前导、后继字符；

③ 输出前后相邻的字符和字符 c 的 ASCII 码。

2.4　实验操作题

【实验】顺序结构程序设计

1. 实验目的

① 掌握基本输入函数 printf()、基本输出函数 scanf()的格式及其主要用法。

② 掌握基本输入函数 putchar()、基本输出函数 getchar()的格式及其主要用法。

③ 熟练掌握顺序结构的程序设计。

2. 实验内容

（1）基本输入/输出函数的用法

编辑运行下列的程序，并根据执行结果分析程序中各个语句的作用。

```
#include <stdio.h>
main()
{
    int a,b;
    float d,e;
    char c1,c2;
    double f,g;
    long m,n;
    unsigned int p,q;
    a=61;b=62;
    c1='a';c2='b';
    d=5.67;e=-6.78;
    f=1234.56789;g=0.123456789;
    m=50000;n=-60000;
    p=32768;q=40000;
    printf("a=%d,b=%d\nc1=%c,c2=%c\n",a,b,c1,c2);
    printf("d=%6.2f,e=%6.2f\n",d,e);
    printf("f=%15.6f,g=%15.10f\n",f,g);
    printf("m=%ld,n=%ld\np=%u,q=%u\n",m,n,p,q);
}
```

（2）顺序结构程序设计

① 已知圆柱体横截面圆半径 r，圆柱高 h。编写程序，计算圆周长 l、圆面积 s 和圆柱体体积 v，并输出计算结果。

② 编写一个程序，根据本金 a 、存款年数 n 和年利率 p 计算到期利息。计算公式如下：到期利息公式为 a*exp(n*log(1.0+p))-a。

3. 实验步骤

（1）基本输入/输出函数的用法

① 运行所给出的源程序，对照结果分析各语句的作用。

② 将程序中的第二、三个 printf 语句修改为如下形式，然后运行程序，观察结果。

```
printf("d=%-6.2f,e=%-6.2f\n",d,e);
printf("f=%-15.6f,g=%-15.10f\n",f,g);
```

③ 将上述两个 printf 语句进一步修改为如下形式，然后运行程序，观察结果。

```
printf("d=%-6.2f\te=%-6.2f\n",d,e);
printf("f=%-15.6f\tg=%-15.10f\n",f,g);
```

④ 将程序的第 10～15 行修改为如下语句：

```
a=61;b=62;
c1='a';c2='b';
f=1234.56789;g=0.123456789;
d=f;e=g;
p=a=m=50000;q=b=n=-60000;
```

运行程序，并分析结果。

⑤ 修改①中的程序，不使用赋值语句，而用下面的 scanf 语句为 a、b、c1、c2、d、e 输入数据：

```
scanf("%d%d%c%c%f%f",&a,&b,&c1,&c2,&d,&e);
```

按照程序中原来的数据，选用正确的数据输入格式，为上述变量提供数据。

请分析：若使用如下数据输入格式，为什么得不到正确的结果？

输入数据格式：

```
61 62 a b 5.67 -6.78
```

⑥ 进一步修改⑤中使用的程序，使 f 和 g 的值用 scanf() 函数输入。

⑦ 进一步修改上面的程序，使其他所有变量的值都改用 scanf() 函数输入。

参考源程序如下：

```
#include <stdio.h>
main()
{
    int a,b;
    float d,e;
    char c1,c2;
    double f,g;
    long m,n;
    unsigned int p,q;
    printf("Input(a,b,c1,c2,d,e):");
    scanf("%d%d%c%c%f%f",&a,&b,&c1,&c2,&d,&e);
    printf("Input(f,g):");
    scanf("%lf%lf",&f,&g);
    printf("Input(m,n,p,q):");
    scanf("%ld%ld%u%u",&m,&n,&p,&q);
    printf("a=%d,b=%d\nc1=%c,c2=%c\n",a,b,c1,c2);
    printf("d=%-6.2f,e=%-6.2f\n",d,e);
    printf("f=%-15.6f,g=%-15.10f\n",f,g);
    printf("m=%ld,n=%ld\np=%u,q=%u\n",m,n,p,q);
}
```

数据输入格式：

```
Input(a,b,c1,c2,d):61 62ab5.67 -6.78
Input(f,g):1234.567890 0.1234567890
Input(m,n,p,q):50000 -60000 32678 40000
```

⑧ 修改⑦中的程序，使 c1、c2 的数据用 getchar() 函数输入，用 putchar() 函数输出。

将程序中的 "scanf("%d%d%c%c%f%f",&a,&b,&c1,&c2,&d,&e);" 语句用以下 4 个语句替换：

```
scanf("%d%d% ",&a,&b);
c1=getchar();
c2=getchar();
scanf("%f%f",&d,&e);
```

使用与⑦相同的数据输入格式输入数据。

　　请分析：使用如下格式为 a、b、c1、c2 输入数据时会出现什么结果？运行程序验证所分析的结论。

　　输入数据格式：

```
61 62
a
b
```

（2）顺序结构程序设计。

参考源程序①如下：

```
/*计算圆周长、面积及圆柱体体积的程序*/
#include <stdio.h>
#define PI 3.14159
main()
{
    float r,h,l,s,v;
    printf("r,h=");
    scanf("%f,%f",&r,&h);
    l=2*PI*r;
    s=PI*r*r;
    v=s*h;
    printf("L=%f\tS=%f\tV=%f\n",l,s,v);
}
```

程序调试时要注意如下几点：

① 输入数据的格式要与程序中要求的格式一致。如上述程序要用","分隔数据。

② 根据程序运行情况，调整输入/输出数据的格式，使数据的输入/输出格式更符合使用习惯。

③ 运行程序，输入负数数据，查看程序的执行结果。

参考源程序②如下：

```
/*计算存款利息的程序*/
#include <stdio.h>
#include <math.h>
main()
{
    int n;
    float a,p,acc;
    printf("a,n,p=");
    scanf("%f,%d,%f",&a,&n,&p);
    acc=a*exp(n*log(1.0+p))-a;
    printf("Accrual=%-10.2f\n",acc);
}
```

4. 思考题

1. 在实验步骤"（1）基本输入/输出函数的用法"内容③中，e 和 g 都是用"\t"进行格式控制，但为什么没有显示在同一列的位置上？

2. 改进实验内容"（2）顺序结构程序设计"中②的参考源程序，使得输入负数时不进行计算，并且显示相应的提示信息。

2.5　附　加　习　题

一、选择题

1. 设 a=3,b=4，执行 "printf("%d,%d",(a,b),(b,a));" 的输出是（　　　）。

A. 3,4　　　　　　　　B. 4,3　　　　　　　　C. 3,3　　　　　　　　D. 4,4

2. 下列程序执行后的输出结果是（　　　）。

```
main(){ int x='f'; printf("%c \n",'A'+(x-'a'+1)); }
```

A. G　　　　　　　　B. H　　　　　　　　C. I　　　　　　　　D. J

3. 若有以下定义和语句，则输出结果是（　　　）。

```
int u=010,v=0x10,w=10;
printf("%d,%d,%d\n",u,v,w);
```

A. 8,16,10　　　　　　B. 10,10,10　　　　　　C. 8,8,10　　　　　　D. 8,10,10

4. int a=256，执行语句 "printf("%x",a);"的结果是（　　　）。

A. 0100　　　　　　　B. 0256　　　　　　　C. 0FFE　　　　　　D. 00FF

5. 设有 int i=010,j=10;则 printf("%d,%d\n",++i,j--);的输出是结果（　　　）。

A. 11, 10　　　　　　B. 9, 10　　　　　　　C. 010, 9　　　　　　D. 10, 9

6. 设 a、b 为字符型变量，执行 "scanf("a=%c,b=%c",&a,&b);" 后使 a 为'A', b 为'B'，从键盘上正确输入是（　　　）。

A. 'A''B'　　　　　　B. 'A', 'B'　　　　　　C. A=A，B=B　　　　D. a=A, b=B

7. 以下叙述中正确的是（　　　）。

A. 输入项可以是一个实型常量，如 scanf("%f",3.5);

B. 只有格式控制，没有输入项，也能正确输入数据到内存，如 scanf("a=%d ,b=%d)'

C. 当输入一个实型数据时，格式控制部分可以规定小数点后的位数，如 scanf("%4.2f", &d);

D. 当输入数据时，必须指明变量地址，如 scanf("%f",&f);

二、填空题

1. 已说明 int a=256，执行语句 "printf("%x",a); " 的输出结果是_____。

2. 执行语句 printf("The program\'s name is c:\tools book.txt");后的输出结果是_____。

3. 若想通过以下输入语句给 a 赋值 1、给 b 赋值 2, 则输入数据的形式应该是_____。

```
int a,b;
scanf("a=%d,b=%d",&a,&b);
```

4. 若想通过以下输入语句使 a 中存放字符串"1234"，b 中存放字符"5"，则输入数据的形式应该是_____。

```
char a[10],b;
scanf("a=%sb=%c",a,&b);
```

5. 下列程序的输出结果是_____。

```
#include <stdio.h>
```

```
main()
{   double d=3.2;int x,y;
    x=1.2;y=(x+3.8)/5.0;
    printf("%d \n",d*y);
}
```

6. 下列程序的运行结果是_____。

```
#include <stdio.h>
main()
{
    int x='f';
    printf("%c \n",'A'+(x-'a'+1));
}
```

三、程序阅读题

1. 下列程序的运行结果是_____。

```
#include <stdio.h>
main()
{
    char c1,c2;
    c1='a'+'6'-'2';
    c2='a'+'6'-'3';
    printf("%c,%d\n",c2,c1);
}
```

2. 下列程序的运行结果是_____。

```
#include <stdio.h>
main()
{
    int a,b,c,d,x,y,z;
    x=634;y=19;z=28;
    a=3*(b=x/(y-4))-z/2;
    printf("\n%10d%10d",a,b);
    a=100;b=45;
    c=-19;d=94;x=-2;y=5;
    a+=6;
    b-=x;
    c*=10,d/=x+y;z%=8;
    printf("\n%10d%10d%10d%10d%10d",a,b,c,d,z);
}
```

3. 下列程序的运行结果是_____。

```
#include <stdio.h>
main()
{
    printf("\n char: %d byte",sizeof(char));
    printf("\n int: %d byte",sizeof(int));
    printf("\n long: %d byte",sizeof(long));
```

```
    printf("\n float: %d byte",sizeof(float));
    printf("\n double: %d byte",sizeof(double));
}
```

4. 从键盘上输入 12345678，则下列程序的运行结果是_____。

```
#include <stdio.h>
main()
{
    char c1,c2,c3,c4,c5,c6;
    scanf("%c%c%c%c",&c1,&c2,&c3,&c4);
    c5=getchar();
    c6=getchar();
    putchar(c1); putchar(c2);
    printf("%c%c\n",c5,c6);
}
```

5. 下列程序的运行结果是_____。

```
#include <stdio.h>
main()
{
    int j,k,l,a=3,b=2;
    j=(-a==b++)?--a:++b;
    k=a++;
    l=b;
    printf("%d,%d,%d",j,k,l);
}
```

6. 下列程序的运行结果是_____。

```
#include <stdio.h>
main()
{
    int j,k,l,a=3,b=2;
    j=(--a==b++)?--a:++b;
    k=a++;
    l=b;
    printf("%d,%d,%d",j,k,l);
}
```

7. 下列程序的运行结果是_____。

```
#include <stdio.h>
#include <math.h>
main()
{
    int a=1,b=4,c=2;
    float x=5.5,y=9.0,z;
    z=(a+b)/c+sqrt((double)y)*1.2/c+x;
    printf("%f\n",z);
}
```

四、程序填空题

1. 下列程序借助于第 3 个变量将 a、b 中的值交换。

```c
#include <stdio.h>
main()
{
    int a,b,c;
    scanf("%d%d",&a,&b);
    printf("a=%d b=%d\n",a,b);
    c=a;
    _____;
    _____;
    printf("a=%d b=%d\n",a,b);
}
```

2. 求 3 个数值中的最大数。

```c
#include <stdio.h>
main()
{
    int x,y,z,max;
    printf("input x,y,z:\n");
    scanf("%d%d%d",_____);
    max=(x>y)?x:y;
    max=_____;
    printf("max=%d\n",max);
}
```

3. 从键盘上输入一个小写字母字符，将它转换为大写字母。

```c
#include <stdio.h>
main()
{
    char ch;
    ch=getchar();
    _____;
    putchar(___);
}
```

4. 从键盘上输入一个大写字母字符，将它转换为小写字母。

```c
#include <stdio.h>
main()
{
    char ch;
    ch=getchar();
    _____;
    putchar(___);
}
```

第 3 章 ┃ 分支结构程序设计

3.1 本 章 要 点

【知识点 1】分支结构

分支结构是指程序在运行过程中根据条件有选择性地执行一些语句，故又称选择结构。分支结构程序在运行的过程中，在分支结构内，无论 P 条件是否成立，只能执行 A 操作或 B 操作之一，不可能既执行 A 操作又执行 B 操作，也不可能 A 操作和 B 操作都不执行。

【知识点 2】if 语句

if 语句是单分支语句，if 语句的形式：

```
if(表达式) 语句;
```

【知识点 3】if...else 语句

if...else 语句是双分支语句，if...else 语句的形式：

```
if(表达式)
    语句 1;
else
    语句 2;
```

【知识点 4】if 语句的嵌套

if 语句的嵌套可以实现多分支语句，最常用的格式是：

```
if(表达式 1)
    语句 1;
else if(表达式 2)
    语句 2;
    ...
else if(表达式 n)
    语句 n;
else
    语句 n+1;
```

【知识点 5】switch 语句

实现多分支语句的另外一种结构，常用的格式是：

```
switch(表达式)
{
    case 常量表达式 1: 语句组 1;[break;]
```

```
    case 常量表达式 2：语句组 2;[break;]
    …
    case 常量表达式 n：语句组 n;[break;]
    [default:语句组 n+1;[break;]]
}
```

【知识点 6】 break 语句在 switch 语句中的作用

执行完一个 case 分支后，如需使流程跳出 switch 结构，即终止 switch 语句的执行，也可用 break 语句来实现这个目的。

3.2　习题参考解答

1. 选择题

（1）B　（2）B　（3）B　（4）B　（5）D　（6）D　（7）C　（8）C　（9）D

2. 填空题

（1）1　　　　　　（2）345　　　　　（3）10 20 0　　　　（4）2　1

（5）–4　　　　　（6）yes　　　　　（7）1　　　　　　　（8）20, 0

（9）585858　　　（10）0　　　　　　（11）y%2 或 y%2!=0 或 y%2==1

（12）x>5||x<–5　（13）x==0

3. 编程题

（1）参考源程序如下：

```c
#include <stdio.h>
main()
{
    int x;
    printf("Input a num: ");
    scanf("%d",&x);
    if(x%3==0&&x%5==0&&x%7==0)
        printf("%d is divisible by 3,5,7.");
    else
        printf("%d is indivisible by 3,5,7.");
    getch();
}
```

（2）参考源程序如下：

```c
#include "stdio.h"
#include "conio.h"
main()
{
    int x,y,z,t;
    scanf("%d%d%d",&x,&y,&z);
    if(x>y)
```

```
        {t=x;x=y;y=t;}   /*交换x,y的值*/
    if(x>z)
        {t=z;z=x;x=t;}   /*交换x,z的值*/
    if(y>z)
        {t=y;y=z;z=t;}   /*交换z,y的值*/
    printf("small to big: %d %d %d\n",x,y,z);
    getch();
}
```

（3）参考源程序如下：

```
#include <stdio.h>
main()
{
    int day,month,year,sum,leap;
    printf("\nplease input year-month-day(e.g. 2010-8-20)\n");
    scanf("%d-%d-%d",&year,&month,&day);
    if(year<0)
    {
        printf("year error !");
        getch();
        return;
    }
    switch(month)  /*先计算某月以前月份的总天数*/
    {
        case 1:sum=0;break;
        case 2:sum=31;break;
        case 3:sum=59;break;
        case 4:sum=90;break;
        case 5:sum=120;break;
        case 6:sum=151;break;
        case 7:sum=181;break;
        case 8:sum=212;break;
        case 9:sum=243;break;
        case 10:sum=273;break;
        case 11:sum=304;break;
        case 12:sum=334;break;
        default:printf("month error");
        getch();
        return;
        break;
    }
    if(year%400==0||(year%4==0&&year%100!=0))   /*判断是不是闰年*/
        leap=1;
    else
```

```
            leap=0;
        if(month==2)
        {
            if(!(leap==1&&day>=1&&day<=29||leap==0&&day>=1&&day<=28))
            {
                printf("day error!");
                getch();
                return;
            }
        }
        else if(month==4||month==6||month==9||month==11)
        {
            if(!(day>=1&&day<=30))
            {
                printf("day error!");
                getch();
                return;
            }
        }
        else
        {
            if(!(day>=1&&day<=31))
            {
                printf("day error!");
                getch();
                return;
            }
        }
        sum=sum+day;                /*再加上某天的天数*/
        if(leap==1&&month>2)    /*如果是闰年且月份大于2,总天数应该加一天*/
            sum++;
        printf("It is the %dth day.",sum);
        getch();
}
```

（4）参考源程序如下：

```
#include <stdio.h>
main()
{
    float x,y,z;
    printf("Input x:");
    scanf("%f",&x);
    printf("Input y:");
    scanf("%f",&y);
```

```
if(x>=0&&y>0)
    z=(x*x+1.0)/(x*x+2)*y;
else if(x>0&&y<=0)
    z=(x-2)/(y*y+1);
else
    z=x+y;
printf("z=%f",z);
getch();
}
```

3.3　典型案例精解

【**案例 3.1**】对于下列程序，正确的判断是（　　　　）。

```
#include <stdio.h>
main()
{
    int x,y;
    printf("Input x:");
    scanf("%d",&x);
    printf("Input y:");
    scanf("%d",&y);
    if(x>y)
        x--;y++;
    else
        x++;y--;
    printf("x=%d,y=%d",x,y);
    getch();
}
```

A．有语法错误，不能通过编译　　　　　B．若输入数据 3 和 6，则输出 4 和 5

C．若输入数据 3 和 6，则输出 3 和 6　　D．若输入数据 6 和 3，则输出 5 和 4

【**答案**】A

【**解释**】复杂的 if 语句中可能有多个 if 和 else，其配对的原则是：任何 else 应与其前面最近的且没有和其他 else 搭配过的 if 搭配使用。不管 if 语句中的条件是真是假，只能执行一个语句，而程序中 if 后的 x--;y++;（两条语句）违反了这一点，所以选择 A。改正的方法是将多个语句合成一个复合语句，即{x--;y++;}。

【**案例 3.2**】以下关于 switch 语句和 break 语句的描述中，正确的是（　　　　）。

A．在 switch 语句中必须使用 break 语句

B．break 语句只能用于 switch 语句

C．在 switch 语句中，可以根据需要使用或不使用 break 语句

D．break 语句是 switch 的一部分

【**答案**】C

【解释】由 switch 语句的作用可知，在 switch 语句中可以根据需要使用或不使用 break 语句，其作用是结束对应 case 分支的执行，并结束 switch 语句的执行。所以选择 C。

【案例 3.3】下列程序的输出结果是（　　　）。

```c
#include <stdio.h>
main()
{
    int x=100,a=15,b=20,f1=0,f2=-5;
    if(a<b)
        if(b!=15)
            if(!f1)
                x=1;
            else
                if(f2)
                    x=10;
    printf("%d",x);
    getch();
}
```

A. -1　　　　　　　　B. 0　　　　　　　　C. 1　　　　　　　　D. 不确定的值

【答案】C

【解释】第一个判断值为真，过渡到下一个判断，第二个判断为真，过渡到第三个判断，为真，x 赋值为 1，故第三个 if 的 else 语句不会执行到。得出 x=1。所以选择 C。

【案例 3.4】下列程序段的输出结果是（　　　）。

```c
#include <stdio.h>
main()
{
    int n='c';
    switch(n++)
    {
        default: printf("error");break;
        case 'a':
        case 'A':
        case 'b':
        case 'B':printf("good");break;
        case 'c':case 'C':printf("pass");
        case 'd':case 'D': printf("warn");
    }
    getch();
}
```

A. error　　　　　　B. good　　　　　　C. passwarn　　　　D. pass

【答案】C

【解释】n++是先取 n 的值再加 1，因此，在执行 case 的时候，n 的值依然为'c', 执行 case 'c'

后面的语句，先输出"pass"，其后，未遇到 break，接着执行后续 case 语句，又输出"pass"。所以此题输出结果是：passwarn。所以选择 C。

【案例 3.5】下列程序段的输出结果是（　　　）。

```c
#include <stdio.h>
main()
{
    int x,y;
    x=-5 ;
    if(x)
        y=1;
    else
        y=-1;
    printf("y=%d",y);
    getch();
}
```

A. y=1　　　　　　　　B. y=0　　　　　　　　C. y=-1　　　　　　　　D. y=-5

【答案】A

【解释】本例把 if(x) 改成 if(x!=0)，其功能相同。下面两种表示方法经常使用：if(x) 等价于 if(x!=0)；if(!x) 等价于 if(x==0)。所以选择 A。

3.4　实验操作题

【实验】分支语句的应用

1. 实验目的

① 能够把现实中具体条件分支问题转化为 C 语言程序。

② 熟练运用 if 语句及其嵌套。

③ 熟练运用 switch 语句。

2. 实验内容

（1）编写程序。

① 先分析下列程序的输出结果，再编辑并运行程序，观察运行结果与分析结果是否一致。

```c
#include <stdio.h>
main()
{
    int x=1,y=0,a=0,b=0;
    switch(x)
    {
        case 1:
            switch(y)
            {   case 0: a++;
```

```
                break;
        case 1: b++;
                    break;
        }
    case 2: a++;
        b++;
        break;
    }
    printf("a=%d b=%d\n", a, b) ;
    getch();
}
```

② 企业发放的奖金根据利润提成。利润（P）低于或等于 10 万元时，奖金可提 10%；利润高于 10 万元，低于 20 万元时，低于 10 万元的部分按 10% 提成，高于 10 万元的部分，可提成 7.5%；20 万元到 40 万元之间时，高于 20 万元的部分，可提成 5%；40 万元到 60 万元之间时高于 40 万元的部分，可提成 3%；60 万元到 100 万元之间时，高于 60 万元的部分，可提成 1.5%，高于 100 万元时，超过 100 万元的部分按 1% 提成，从键盘输入当月利润 P，求应发放奖金总数。

参考程序如下：

```c
#include <stdio.h>
main()
{
    float p;
    float bonus1,bonus2,bonus4,bonus6,bonus10,bonus;
    printf("Input profit : ");
    scanf("%f",&p);
    bonus1=100000*0.1;  /*当利润大于100 000，且小于等于200 000时用到bonus1*/
    /*当利润大于200000，且小于等于400 000时，用到bonus2*/
    bonus2=bonus1+100000*0.075;
    /*当利润大于400000，且小于等于600 000时，用到bonus4*/
    bonus4=bonus2+200000*0.05;
    /*当利润大于600000，且小于等于1 000 000时，用到bonus6*/
    bonus6=bonus4+200000*0.03;
    bonus10=bonus6+400000*0.015; /*当利润小于等于1 000 000时，用到bonus10*/
    if(p<=100000)
        bonus=p*0.1;
    else if(p<=200000)
        bonus=bonus1+(p-100000)*0.075;
    else if(p<=400000)
        bonus=bonus2+(p-200000)*0.05;
    else if(p<=600000)
        bonus=bonus4+(p-400000)*0.03;
    else if(p<=1000000)
        bonus=bonus6+(p-600000)*0.015;
```

```
    else
        bonus=bonus10+(p-1000000)*0.01;
    printf("bonus=%f",bonus);
    getch();
}
```

③ 给一个不多于 5 位（≤99 999）的正整数，要求：求它是几位数；逆序打印出各位数字。

参考程序如下：

```
#include <stdio.h>
main()
{
    long n;
    int a,b,c,d,e;
    printf("Input n [n<=99999] :");
    scanf("%ld",&n);
    if(n/100000==0)
    {
        a=n/10000;    /*得到万位*/
        b=n/1000%10;  /*得到千位*/
        c=n/100%10;   /*得到百位*/
        d=n/10%10;    /*得到十位*/
        e=n%10;       /*得到个位*/
        if(a!=0)    printf("%ld has 5 figures,reverse them : %d %d %d %d %d.\n",n,e,d,c,b,a);
        else if(b!=0)printf("%ld has 4 figures,reverse them : %d %d %d %d.\n",n,e,d,c,b);
        else  if(c!=0)printf("%ld has 3 figures,reverse them :%d %d %d.\n",n,e,d,c);
        else if(d!=0)printf("%ld has 2 figures,reverse them :%d %d.\n",n,e,d);
        else if(e!=0)printf("%ld has 1 figures,reverse them :%d %d.\n",n,e);
    }
    else
    printf("%ld overflow.",n);
    getch();
}
```

（2）编写程序，并上机调试。

① 键盘输入 x 值，据下面公式输出 y 值。

$$y=\begin{cases} x & (x<1) \\ 2x^2-1 & (1 \leq x < 10) \\ 20x-1 & (x \geq 10) \end{cases}$$

② 一个 5 位数 n（10 000≤n≤99 999），判断它是不是回文数。即 12 321 是回文数，个位与万位相同，十位与千位相同。

③ 输入三个数 a、b、c 作为三角形的三边长，首先判断能否构成三角形，如能构成三角形，则进一步判断这个三角形是否是直角三角形。

分析：直角三角形斜边最长，要先找出三边中最长的边，判断最长边的平方是否等于其余两边的平方和，若相等就是直角三角形。

3.5　附加习题

一、选择题

1. 若以下 4 个表达式用作 if 语句的控制表达式时，有一个选项与其他 3 个选项含义不同，这个选项是（　　）。

A. k%2 　　　　　 B. k%2==1 　　　　　 C. (k%2)!=0 　　　　　 D. !k%2==1

2. 设变量 a、b、c、d 和 y 都已正确定义并赋值。若有以下 if 语句：

```
if(a<b)
    if(c==d) y=0;
    else y=1;
```

该语句所表示的含义（　　）。

A. $y=\begin{cases} 0 & a<b \text{ 且 } c=d \\ 1 & a \geq b \end{cases}$　　　　　 B. $y=\begin{cases} 0 & a<b \text{ 且 } c=d \\ 1 & a \geq b \text{ 且 } c \neq d \end{cases}$

C. $y=\begin{cases} 0 & a<b \text{ 且 } c=d \\ 1 & a<b \text{ 且 } c \neq d \end{cases}$　　　　　 D. $y=\begin{cases} 0 & a<b \text{ 且 } c=d \\ 1 & c \neq d \end{cases}$

3. 有以下程序：

```
#include <stdio.h>
main()
{
    int a,b,d=25;
    a=d/10%9;
    b=a&&(-1);
    printf("%d,%d\n",a,b);
}
```

程序的运行结果是（　　）。

A. 6,1 　　　　　 B. 2,1 　　　　　 C. 6,0 　　　　　 D. 2,0

4. 有以下程序：

```
#include <stdio.h>
main()
```

```
{   int i=1,j=2,k=3;
    if(i++==1&&(++j==3||k++==3))
    printf("%d %d %d\n",i,j,k);
}
```

程序的运行结果是（   ）。

A. 1 2 3   B. 2 3 4   C. 2 2 3   D.2 3 3

5. 有以下程序：

```
#include <stdio.h>
main()
{
    int a=3,b=4,c=5,d=2;
    if(a>b)
    if(b>c)
    printf("%d",d++ +1);
    else
    printf("%d",++d +1);
    printf("%d\n",d);
}
```

程序的运行结果是（   ）。

A. 2   B. 3   C. 43   D. 44

6. 下列条件语句中，功能与其他语句不同的是（   ）。

A. if(a) printf("%d\n",x); else printf("%d\n",y);

B. if(a==0) printf("%d\n",y); else printf("%d\n",x);

C. if (a!=0) printf("%d\n",x); else printf("%d\n",y);

D. if(a==0) printf("%d\n",x); else printf("%d\n",y);

7. 以下 4 个选项中，不能看作一条语句的是（   ）。

A. {;}   B. a=0,b=0,c=0;   C. if(a>0);   D. if(b==0) m=1;n=2;

8. 以下程序段中与语句 k=a>b?(b>c?1:0):0;功能等价的是（   ）。

A. if((a>b) &&(b>c)) k=1;   B. if((a>b) ||(b>c)) k=1;
                                        else   k=0;

C. if(a<=b)   k=0;   D. if(a>b) k=1;
   else if(b<=c)   k=1;   else if(b>c) k=1;
                                  else k=0;

9. 有定义语句：int a=1,b=2,c=3,x; 则以下选项中各程序段执行后，x 的值不为 3 的是（   ）。

A. if(c<a) x=1;   B. if(a<3) x=3;
   else if (b<a) x=2;   else if(a<2) x=2;
   else x=3;   else x=1;

C. if(a<3) x=3;   D. if(a<b) x=b;
   if(a<2) x=2;   if(b<c) x=c;
   if(a<1) x=1;   if(c<a) x=a;
```
```

10. 有以下程序：

```
#include <stdio.h>
main()
{
    int i=1,j=1,k=2;
    if((j++||k++)&&i++)
        printf("%d,%d,%d\n",i,j,k);
}
```

执行后的输出结果是（　　　）。

A. 1，1，2

B. 2，2，1

C. 2，2，2

D. 2，2，3

11. 有以下程序：

```
#include <stdio.h>
main()
{
    int a=15,b=21,m=0;
    switch(a%3)
  { case 0:m++;break;
    Case 1:m++;
    switch(b%2)
    {
      default:m++;
      case 0:m++;break;
    }
  }
    printf("%d\n",m);
}
```

程序运行后的输出结果是（　　　）。

A. 1　　　　　　　　B. 2　　　　　　　　C. 3　　　　　　　　D. 4

12. 阅读以下程序：

```
#include <stdio.h>
main()
{
    int x;
    scanf("%d",&x);
    if(x--<5) printf("%d",x);
    else printf("%d",x++);
}
```

程序运行后，如果从键盘上输入 5，则输出结果是（　　　）。

A. 3　　　　　　　　B. 4　　　　　　　　C. 5　　　　　　　　D. 6

13. 若执行以下程序时从键盘上输入 9，则输出结果是（　　　）。

```
#include <stdio.h>
main()
{
    int n;
    scanf("%d",&n);
    if(n++<10) printf("%d\n",n);
    else printf("%d\n",n--);
}
```

A. 11　　　　　　　　B. 10　　　　　　　　C. 9　　　　　　　　D. 8

14. 若 a、b、c1、c2、x、y、均是整型变量，则正确的 switch 语句是（　　　）。

A. switch(a+b);
　　{　case 1:y=a+b; break;
　　　　case 0:y=a-b; break;
　　}

B. switch(a*a+b*b)
　　{　case 3:
　　　　case 1:y=a+b;break;
　　　　case 3:y=b-a,break;
　　}

C. switch　a
　　{　case c1 :y=a-b; break
　　　　case c2: x=a*d; break
　　　　default:x=a+b;
　　}

D. switch(a-b)
　　{　default:y=a*b;break
　　　　case 3:case 4:x=a+b;break
　　　　case 10:case 11:y=a-b;break;
　　}

15. 有如下程序：

```
#include <stdio.h>
main()
{
    int x=1,a=0,b=0;
    switch(x)
    {
        case 0: b++;
        case 1: a++;
        case 2: a++;b++;
    }
    printf("a=%d,b=%d\n",a,b);
}
```

该程序的输出结果是（　　　）。

A. a=2,b=1　　　　B. a=1,b=1　　　　C. a=1,b=0　　　　D. a=2,b=2

16. 有如下程序：

```
#include <stdio.h>
main()
```

```
{
    float x=2.0,y;
    if(x<0.0) y=0.0;
    else if(x<10.0) y=1.0/x;
    else y=1.0;
    printf("%f\n",y);
}
```

该程序的输出结果是（　　　）。

A. 0.000000　　　　　　　B. 0.250000　　　　　　C. 0.500000　　　　　　D. 1.000000

17. 有如下程序：

```
#include <stdio.h>
main()
{
    int a=2,b=-1,c=2;
    if(a<b)
    if(b<0) c=0;
    else c++ ;
    printf("%d\n",c);
}
```

该程序的输出结果是（　　　）。

A. 0　　　　　　　　　　B. 1　　　　　　　　　C. 2　　　　　　　　　D. 3

18. 下列程序的输出结果是（　　　）。

```
#include <stdio.h>
main()
{
    int a= -1,b=1,k;
    if((++a<0)&& ! (b--<=0))
    printf("%d %d\n",a,b);
    else
    printf("%d %d\n",b,a);
}
```

A. -1 1　　　　　　　　B. 0 1　　　　　　　　C. 1 0　　　　　　　　D. 0 0

19. 下列程序的输出结果是（　　　）。

```
#include <stdio.h>
main()
{
    int m=5;
    if(m++>5) printf("%d\n",m);
    else printf("%d\n",m--);
}
```

A. 7　　　　　　　　　　B. 6　　　　　　　　　C. 5　　　　　　　　　D. 4

20. 执行下列一段程序后 x 的值是（　　　）。

```
#include <stdio.h>
main()
{
    int a=1,b=3,c=5,d=5,x;
    if(a<b)
       if(c<d)x=1;
       else
           if(a<c)
               if(b<d)x=2;
               else x=3;
           else x=6;
    else x=7;
    printf("%d",x);
    getch();
}
```
A. 1　　　　　　　　B. 2　　　　　　　　C. 3　　　　　　　　D. 6

21. 若有以下定义：

`float x;int a,b;`

则正确的 switch 语句是（　　　）。

A. switch(x)
    { case1.0:printf("*\n");
      case2.0:printf("**\n");
    }

B. switch(x)
    { case1,2:printf("*\n");
    case3:printf("**\n");
    }

C. switch (a+b)
    { case 1:printf("\n");
      case 1+2:printf("**\n");
    }

D. switch (a+b);
    { case 1:printf("."*\n");
    case 2:printf("**\n");
    }

22. 假定所有变量均已正确说明，下列程序段运行后 x 的值是（　　　）。

```
a=b=c=0;x=35;
if(!a)x--;
else if(b);
if(c)x=3;
else x=4;
```
A. 34　　　　　　　　B. 4　　　　　　　　C. 35　　　　　　　　D. 3

23. 有如下程序，则下面说法正确的是（　　　）。

```
main()
{
    int x=3,y=0,z=0;
    if(x=y+z)printf("* * * *");
    else printf("# # # #");
}
```

A.　有语法错误不能通过编译

B.　输出＊＊＊＊

C.　可以通过编译，但是不能通过连接，因而不能运行。

D.　输出＃＃＃＃

24.　若执行下面的程序后从键盘上输入 5，则输出是（　　　）。

```
#include <stdio.h>
main()
{
    int x;
    scanf("%d",&x);
    if(x++>5) printf("%d\n",x);
    else printf("%d\n",x--);
}
```

A.　7　　　　　　　　B.　6　　　　　　　　C.　5　　　　　　　　D.　4

25.　下列程序的输出结果是（　　　）。

```
#include <stdio.h>
main()
{
    int x=100,a=10,b=20,ok1=5,ok2=0;
    if(a<b)
    if(b!=15)
    if(! ok1)
    x=1;
    else
    if(ok2)x=10;
    x=-1;
    printf("%d\n",x);
}
```

A.　-1　　　　　　　　B.　0　　　　　　　　C.　1　　　　　　　　D.　不确定的值

26.　有如下程序：

```
#include <stdio.h>
main()
{
    float x,y;
    scanf("%f",&x);
    if(x<0.0) y=0.0 ;
    else if((x<5.0)&&(x!=2.0))
    y=1.0/(x+2.0);
    else if (x<10.0) y=1.0/x;
    else y=10.0;
    printf("%f\n",y);
```

```
    getch();
}
```

若运行时从键盘上输入 2.0，则该程序的输出结果是（　　　）。

A. 0.000000　　　　　　B. 0.250000　　　　　C. 0.500000　　　　　D. 1.000000

27．有如下程序：

```
#include <stdio.h>
main()
{
    int x=1,y=0,a=0,b=0;
    switch(x)
    {
        case 1:
            switch(y)
            {
                case 0: a++;break;
                case 1: b++;break;
            }
        case 2:
            a++; b++; break;
    }
    printf("a=%d,b=%d\n",a,b);
    getch();
}
```

该程序的输出结果是（　　　）。

A. a=2, b=1　　　　　B. a=1, b=1　　　　C. a=1, b=0　　　　D. a=2, b=2

28．有下列程序：

```
#include <stdio.h>
main()
{
    int a=5,b=4,c=3,d=2;
    if(a>b>c)
    printf("%d\n",d);
    else if((c-1>=d)==1)
    printf("%d\n",d+1);
    else
    printf("%d\n",d+2);
}
```

该程序执行后输出结果是（　　　）。

A. 2　　　　　　　　　　　　　　　　B. 3

C. 4　　　　　　　　　　　　　　　　D. 编译时有错，无结果

二、填空题

1. 下列程序运行后的输出结果是_____。

```
#include <stdio.h>
main()
{
    int a=1,b=2,c=3;
    if(c=a) printf("%d\n",c);
    else printf("%d\n",b);
}
```

2. 下列程序运行后的输出结果是_____。

```
#include <stdio.h>
main()
{
    int x=1,y=0,a=0,b=0;
    switch(x)
    {
        case 1:switch(y)
        {
            case 0:a++; break;
            case 1:b++; break;
        }
        case 2:a++;b++; break;
    }
    printf("%d %d\n",a,b);
}
```

3. 下列程序运行后的输出结果是_____。

```
#include <stdio.h>
main()
{
    int a=1,b=3,c=5;
    if(c=a+b) printf("yes\n");
    else printf("no\n");
}
```

4. 下列程序运行后的输出结果是_____。

```
#include <stdio.h>
main()
{
    int p,a=5;
    if(p=a!=0)
        printf("%d\n",p);
    else
        printf("%d\n",p+2);
}
```

5. 下列程序运行后的输出结果是_____。

```c
#include <stdio.h>
main()
{
    int x=20,y=10,t=0;
    if(x==y)t=x;x=y;y=t;
    printf("%d,%d \n",x,y);
}
```

6. 若从键盘输入 32，则下列程序运行后的输出结果是_____。

```c
#include <stdio.h>
main()
{
    int a;
    scanf("%d",&a);
    if(a>50) printf("%d",a);
    if(a>40) printf("%d",a);
    if(a>30) printf("%d",a);
}
```

7. 下列程序运行后的输出结果是_____。

```c
#include <stdio.h>
main()
{
    int a=5,b=4,c=3,d;
    d=(a>b>c);
    printf("%d\n",d);
}
```

8. 下列程序运行后的输出结果是_____。

```c
#include <stdio.h>
main()
{
    int n=0,m=0,x=5;
    if(!n)  x-=1;
    if(m)  x-=2;
    if(x)  x-=3;
    printf("%d\n",x);
    getch();
}
```

第 4 章 循环结构程序设计

4.1 本 章 要 点

【知识点 1】循环结构

循环结构根据循环条件决定是否要重复执行某一模块（循环体）。C 语言中的 3 种循环语句：for、while、do...while，各有特点，都可由表达式控制重复执行一个循环体，都可以用来解决同一个问题，一般情况下可以相互代替。

【知识点 2】for 语句

for 语句是程序实现循环操作的常用语句之一，尤其在处理已知语句的循环次数的程序中应用较多。for 语句的一般格式：

```
for(表达式 1;表达式 2;表达式 3;)   循环体语句;
```

【知识点 3】while 语句

while 语句多用于语句的循环次数未知的程序中。while 语句的一般格式：

```
while(表达式)
{
    循环体语句;
}
```

【知识点 4】do...while 语句

do...while 语句与 while 语句十分相似，只是 do...while 语句先执行循环体语句再进行判断循环条件，而 while 语句是先判断循环条件再执行循环体语句。do...while 语句的一般格式：

```
do
{
    循环体语句;
}   while(表达式);
```

【知识点 5】do...while 语句与 while 语句的区别

do...while 语句中的循环体语句至少要执行一次。而 while 语句中的循环体语句可能一次也不会执行到。

【知识点 6】break 语句在循环语句中的作用

break 在循环语句中一般与 if 语句合用，一旦执行到 break 语句则立即结束 break 所在的循环语句。

【知识点 7】continue 语句

continue 语句的作用在于一旦执行到 continue 语句则立即结束本次循环进入下一次循环。

【知识点 8】break 与 continue 语句在循环语句中的区别

continue 语句与 break 语句的作用是不同的，continue 语句是结束一次循环，而 break 是结束整个循环。

【知识点 9】循环结构的嵌套

三种循环语句 for、while、do…while 可以互相嵌套，自由组合。外层循环体中可以包含一个或多个内层循环结构，同时要注意的是，各循环必须完整包含，相互之间不允许交叉。

【知识点 10】goto 语句

goto 语句是一种跳转语句，可以用于程序的任何地方。goto 语句的一般格式为：

goto 语句标号；

4.2 习题参考解答

1. 选择题

（1）B   （2）B   （3）A   （4）B   （5）B   （6）D   （7）B   （8）C
（9）B   （10）A   （11）B

2. 填空题

（1）t*10   （2）>=1   i   （3）11 12   （4）1
（5）x>=0   x<amin   （6）i<10   j%4!=0
（7）9   （8）f*-1   （9）6   （10）11-2*i   4-i   2*i+1

3. 编程题

（1）参考源程序如下：

```
main()
{
    float s=100.0,h=s/2;
    int i;
    for(i=1;i<=9;i++)
    {
        s=s+2*h;    /*第 i 次落地时共经过的米数*/
        h=h/2;      /*第 i 次反跳高度*/
    }
    printf("Total distance: %f m.\n",s);
    printf("10th high: %f m.\n",h);
    getch();
}
```

（2）参考源程序如下：

```
main()
{
```

```
    int n=0,s=0;
    while(s<=100)
    {
        n++;
        s+=n*n;
    }
    n--;
    printf("n=%d",n);
    getch();
}
```

（3）参考源程序如下：

```
main()
{
    int cock,hen,chicken;
    for(cock=1;cock<50;cock++)
        for(hen=1;hen<100;hen++)
        {
            chicken=300-9*hen-15*cock;
            if(cock+hen+chicken==100 && chicken>0)
                printf("cock=%d,hen=%d,chicken=%d\n",cock,hen,chicken);
        }
    getch();
}
```

（4）参考源程序如下：

```
main()
{
    int i;
    long n;
    printf("Input n : ");
    scanf("%ld",&n);
    printf("reveres n: ");
    while(n!=0)
    {
        printf("%d",n%10);
        n/=10;
    }
    getch();
}
```

（5）参考源程序如下：

```
main()
{
    int one,two,five;  /*one:1分, two:2分, five:5分*/
    for(one=0;one<=100;one++)
```

```
        for(two=0;two<=50;two++)
          for(five=0;five<=20;five++)
            if(one+two*2+five*5==100)
                printf("one=%d,two=%d,five=%d\n",one,two,five);
    getch();
}
```

（6）参考源程序如下：

```
main()
{
    int n,i,j,sum=1;
    printf("Input n:");
    scanf("%d",&n);
    for(i=2;i<=n;i++)
    {
        sum=1;
        for(j=2;j<i;j++)
          if(i%j==0)
              sum+=j;
          if(sum==i)printf("%d\t",i);
    }
    getch();
}
```

（7）参考源程序如下：

```
main()
{
    int n,a,i;
    long s=0,k=0;
    printf("Input a:");
    scanf("%d",&a);
    printf("Input n:");
    scanf("%d",&n);
    for(i=1;i<=n;i++)
     {
        k=10*k+a;
        s+=k;
     }
    printf("%d+%d%d+%d%d+…=%ld",a,a,a,a,a,s);
    getch();
}
```

（8）参考源程序如下：

```
main()
{
    int m,n,k;
```

```
for(m=1;m<=9;m++)
    for(n=1;n<=9;n++)
        if((m*10+n) *(n*10+m) == 3627)
            printf("m=%d,n=%d\n",m,n);
getch();
}
```

（9）参考源程序如下：

```
main()
{
    double s=0,x;
    int i,f=-1,n;
    printf("Input x:");
    scanf("%lf",&x);
    printf("Input n:");
    scanf("%d",&n);
    for(i=1;i<=n;i++)
    {
        f=f*(-1);
        s=s+f*x/(i*(i+1));
    }
    printf("s = %lf",s);
    getch();
}
```

4.3　典型案例精解

【案例 4.1】在 C 语言的循环语句 for、while、do...while 中，用于直接中断最内层循环的语句是（　　）。

A. switch　　　　　　B. continue　　　　　　C. break　　　　　　D. if

【答案】C

【解释】break 语句有两个用途：①在 switch 语句中用来使流程跳出 switch 结构，继续执行 switch 语句后面的语句；②用在循环体内，迫使当前所在循环立即终止，即跳出所在循环体，继续执行当前循环体后面的第一条语句。本题需要区分 continue 语句和 break 语句，其中 continue 语句是结束本次循环，而 break 是跳出循环。所以选择 C。

【案例 4.2】以下程序的输出结果是（　　）。

```
main()
{
    int i;
    for(i=1;i<=5;i++)
    {
        if(i%2)
```

```
        printf("*");
    else
        continue;
    printf("#");
    }
printf("$\n");
}
```

A. *#*#*#$　　　　　B. #*#*#*$　　　　　C. *#*#$　　　　　D. #*#*&

【答案】A

【解释】本例考查 continue 语句的基本使用方法。在程序中，当 i%2 为真时，输出*，否则执行 continue 语句，再次开始 i++ 运算，进入下一次循环，即当 i 是偶数时（i%2 为 0）无任何输出。因此本例中的循环体可以改写成如下形式：for(i=1;i<=5;i+=2){printf("*");printf("#");}，循环体的执行过程是 i=1，i=3，i=5，共 3 次，最后输出为*#*#*#$。所以选择 A。

【案例 4.3】有如下程序：

```
main()
{
    int n=9;
    while(n>6)
    {
        n--;
        printf("%d",n);
    }
    getch();
}
```

该程序的输出结果是（　　　）。

A. 987　　　　　　B. 876　　　　　　C. 8765　　　　　　D. 9876

【答案】B

【解释】本例应根据循环体第一次和最后一次执行时的输出结果来决定哪一项是正确的。第一次进入循环时，n 的值是 9，循环体内，先经过 n-- 运算，n 的值变为 8，所以第一次的输出值是 8，由此可以排除选项 A 和 D。由循环条件 n>6 可以知道，最后一次循环开始时，n 的值应该为 7，所以最后一次执行循环体时输出为 6，由此可以排除选项 C。所以选择 B。

【案例 4.4】下列说法正确的是（　　　）。

```
main()
{
    int i,x;
    for(i=0,x=0;i<=4 &&x!=999;i++)
        scanf("%d",&x);
}
```

A. 最多执行 5 次　　　　　　　　　　B. 最多执行 4 次

C. 是无限循环　　　　　　　　　　　D. 循环体一次也不执行

【答案】A

【解释】按照本例所给定的 for 语句，每执行一次循环，i 自增 1，因此执行 5 次循环后，i 的值为 4，循环最终也将结束。所以选择 A。

【案例 4.5】设 i、j、k 均为 int 型变量，则执行完下列的 for 语句后，k 的值为（　　　）。

```
for(i=0,j=10;i<=j;i++,j--)
    k=i+j;
```

A. 10　　　　　　　　B. 55　　　　　　　　C. 11　　　　　　　　D. 56

【答案】A

【解释】本例中 for 语句以 i 为 0、j 为 10 初始化，循环条件是 i<=j，每次循环后 i 增 1、j 减 1，循环体是将 i 与 j 的和赋给 k。变量 k 将保存的是最后一次赋给它的值。一次循环后 i 为 1、j 为 9，二次循环后 i 为 2、j 为 8，……，五次循环后 i 为 5、j 为 5，继续第六次循环，将 i 与 j 的和 10 存于 k 后，i 为 6、j 为 4，结束循环。循环执行后 k 为 10。所以选择 A。

【案例 4.6】下列程序的输出结果是（　　　）。

```
main()
{
    int y=9;
    for(;y>0;y--)
    if(y%3=0)
    {
        printf("%d",--y);
        continue;
    }
}
```

A. 963　　　　　　　B. 852　　　　　　　C. 741　　　　　　　D. 863

【答案】B

【解释】本例需要注意 for 语句的作用范围，若循环体不加花括号，则 for 只控制一条语句，因此本题的 for 语句只作用于 if 语句。循环前，变量 y 的值为 9，其中的循环语句在 y 大于 0 的情况下循环，每次循环后 y 减 1。循环体是当 y 能被 3 整除时输出表达式 --y，输出的是减 1 后的 y 值。这样，第一次循环 y 为 9，能被 3 整除，--y 后输出 8，y 也变成 8。又经两次循环，y 的值变为 6，--y 后输出 5，又经两次循环，y 的值为 3，--y 后输出 2；再经两次循环后，y 的值为 0，结束循环。所以程序输出 852。所以选择 B。

【案例 4.7】下列程序的运行结果是（　　　）。

```
main()
{
    int a=1,b=10;
    do
    {
        b-=a;
        a++;
    }
    while(b-->0);
    printf("a=%d,b=%d\n",a,b);
```

```
}
```
A．a=3，b=11   B．a=2，b=8   C．a=l，b=-1   D．a=5，b=-4

【答案】D

【解释】本例考查对循环变量值的跟踪，第一次循环得 b=10-1=9，a=2，同时在循环条件的位置由 b-->0 成立，又使 b 进行了减 1 操作故使得 b=8，进行第二次循环得 b=8-2=6，a=3，同时由 b-->0 成立，得 b=5，进行第三次循环得 b=5-3=2，a=4，同时由 b--> 0 成立，得 b=1，进行第四次循环得 b=1-4=-3，a=5，同时 b--> 0 已不成立，但 b 的值还要减 1 使 b 的值为-4。故可得 a=5，b=-4。所以选择 D。

4.4　实验操作题

【实验】循环语句的应用

1．实验目的
① 能够把现实中具体循环应用问题转化为 C 语言程序。
② 能够灵活运用 for 语句、while 及 do...while 语句。
③ 能够灵活运用各种循环语语句的嵌套。

2．实验内容
（1）编写程序。

① 先分析下列程序的输出结果是什么，再录入程序，观察运行结果与分析的是否一致。
```
main()
{
    int i,k,s=0;
    for(i=121;i<=123;i++)
    {
        k=i;
        s=0;
        do
        {
            s+=k%10;
            k/=10;
        }
        while(k!=0);
        printf("s=%d\n",s%10);
    }
    getch();
}
```
② 某次大奖赛，有 7 个评委打分，编写程序，计算一名参赛者的成绩并输出，键盘输入 7 个评委打分的分数，去掉一个最高分和一个最低分，余下的分数求平均值为该参赛者的成绩并输出。

参考程序如下：

```
main()
{
    int i;
    float score,min,max,sum;
    min=1000;max=0;sum=0;
    for(i=0;i<7;i++)
    {
        printf("Input %dst score:",i+1);
        scanf("%f",&score);
        sum+=score;
        if(min>score)min=score;
        if(max<score)max=score;
    }
    printf("average score:%f",(sum-min-max)/5);
    getch();
}
```

③ 修改程序②，实现计算并输出多个选手的成绩，直到停止输出为止。

参考程序如下：

```
main()
{
    int i;
    char ch;
    float score,min,max,sum;
    do
    {
        min=1000;max=0;sum=0;
        for(i=0;i<7;i++)
        {
            printf("Input %dst score:",i+1);
            scanf("%f",&score);
            sum+=score;
            if(min>score)min=score;
            if(max<score)max=score;
        }
        printf("average score:%f",(sum-min-max)/5);
        printf("\n\nDo you want to continue(Y/N)?");
        scanf(" %c",&ch);
    }
    while(!(ch=='n'||ch=='N'));
}
```

④ 一个数如果等于其每个位上的数字立方之和，则此数称为阿姆斯特朗数。如 407 就是一个阿姆斯特朗数，因为 $407=4^3+0^3+7^3$。编程输出 $100\sim999$ 之间所有的阿姆斯特朗数。

参考程序如下：

```
main()
{
    int i,a,b,c;
    for(i=100;i<=999;i++)
    {
        a=i/100;        /*得到百位*/
        b=i/10%10;      /*得到百位*/
        c=i%10;         /*得到个位*/
        if (i==a*a*a+b*b*b+c*c*c)
        printf("%d  ",i);
    }
    getch();
}
```

⑤ 有如下数学算式，其中 a、b、c、d 为非负数，且不能同时为 0，编程求出 a、b、c、d 的值，并输出。

$$
\begin{array}{r}
abc \\
+\ cdc \\
\hline
abcd
\end{array}
$$

参考程序如下：

```
main()
{
    int a,b,c,d;
    for(a=0;a<=9;a++)
        for(b=0;b<=9;b++)
        for(c=0;c<=9;c++)
            for(d=0;d<=9;d++)
                if(((a*100+b*10+c)+(c*100+d*10+c)==(a*1000+b*100+c*10+d))&&
a||b||c||d!=0))
                printf("%d %d %d %d\n",a,b,c,d);
    getch();
}
```

（2）编写程序，并上机调试。

① 编程求 1! +2! +3! +...+10!。

② 编程输出如下图形：

```
* * * * * * * * * * * *
* * * * *   * * * * *
* * * *       * * * *
* * *           * * *
* *               * *
*                   *
*                   *
* *               * *
* * *           * * *
* * * *       * * * *
* * * * *   * * * * *
* * * * * * * * * * * *
```

③ "百鸡问题"：一只公鸡值 2 元，一只母鸡值 1 元，两只小鸡值 1 元。现在有 100 元钱，要买 100 只鸡，是否可以？若可以，编写求解该问题的程序。

4.5　附　加　习　题

一、选择题

1. 有下列程序：

```
main()
{
    int n,t=1,s=0;
    scanf("%d",&n);
    do{
        s=s+t;
        t=t-2;
    }while (n!=0 && t%n);
    printf("\nt=%d,n=%d ",t,n);
    getch();
}
```

若使此程序段不陷入死循环，从键盘输入的数据应该是（　　　）。

A. 任意奇数或 0　　　　B. 任意负偶数或 0　　C. 任意偶数或 0　　　　D. 任意负奇数或 0

2. 设变量已正确定义，则以下能正确计算 f=n!的程序段是（　　　）。

A. f=0;
   for(i=1;i<=n;i++) f*=i;

B. f=1;
   for(i=1;i<n;i++) f*=i;

C. f=1;
   for(i=n;i>1;i++) f*=i;

D. f=1;
   for(i=n;i>=2;i--) f*=i;

3. 有以下程序：

```
main()
{
    int k=5,n=0;
    while(k>0)
    {
        switch(k)
        {
            default: break;
            case 1 : n+=k;
            case 2 :
            case 3 : n+=k;
        }
        k--;
    }
    printf("%d\n",n);
}
```

程序运行后的输出结果是（　　　）。

A．0　　　　　　　　B．4　　　　　　　　C．6　　　　　　　　D．7

4．有以下程序：

```
main()
{
    int  a=1,b;
    for(b=1;b<=10;b++)
    {
        if(a>=8) break;
        if(a%2==1)  {a+=5;continue;}
        a-=3;
    }
    printf("%d\n",b);
}
```

程序运行后的输出结果是（　　　）。

A．3　　　　　　　　B．4　　　　　　　　C．5　　　　　　　　D．6

5．有以下程序：

```
main()
{
    int  s=0,a=1,n;
    scanf("%d",&n);
    do
    {
        s+=1; a=a-2;
    }
    while(a!=n);
    printf("%d\n",s);
}
```

若要使程序的输出值为2，则应该从键盘给 n 输入的值是（　　　）。

A．-1　　　　　　　B．-3　　　　　　　C．-5　　　　　　　D）0

6．有如下程序段，其中 s、a、b、c 均已定义为整型变量，且 a、c 均已赋值（c 大于 0）。

```
s=a;
for(b=1;b<=c;b++) s=s+1;
```

则与上述程序段功能等价的赋值语句是（　　　）。

A．s=a+b;　　　　　B．s=a+c;　　　　　C．s=s+c;　　　　　D．s=b+c;

7．有以下程序：

```
main()
{
    int  k=4,n=2;
    for(;n<k;)
    {
```

```
        n++;
        if(n%3)  continue;
        k--;
    }
    printf("%d,%d\n",k,n);
}
```

程序运行后的输出结果是（　　　）。

A. 1,1　　　　　　　　B. 2,2　　　　　　　　C. 3,3　　　　　　　　D. 4,4

8. 编程计算：$\dfrac{1}{1} + \dfrac{1}{2} + \dfrac{1}{3} + \cdots + \dfrac{1}{10}$ 的值。

```
main()
{
    int n;
    float s;
    s=1.0;
    for(n=10;n>1;n--)
        s=s+1/n;
    printf("%6.4f\n",s);
}
```

程序运行后输出结果错误，导致错误结果的程序行是（　　　）。

A. s=1.0;

B. for(n=10;n>1;n--)

C. s=s+1/n;

D. printf("%6.4f/n",s);

9. 有以下程序：

```
main()
{
    int i;
    for(i=0;i<=3;i++)
    switch(i)
    {
        case 3: printf("%d",i);
        case 2: printf("%d",i);
        case 1: printf("%d",i);
        default: printf("%d",i);
    }
}
```

程序运行后输出结果是（　　　）。

A. 0112223333

B. 0111122233

C. 0122333

D. 0123

10. 有下列程序：

```
main()
{
    int i=0,s=0;
    do
    {
        if(i%2){i++;continue;}
        i++;
        s+=i;
    }
    while(i<7);
    printf("%d\n",s);
}
```

程序运行后的输出结果是（　　　）。

A. 16　　　　　　　　B. 12　　　　　　　　C. 28　　　　　　　　D. 21

11. 下列程序的功能为按顺序读入 10 名学生 4 门课程的成绩，计算出每位学生的平均分并输出，程序如下：

```
main()
{
    int n,k;
    float score ,sum,ave;
    sum=0.0;
    for(n=1;n<=10;n++)
    {
        for(k=1;k<=4;k++)
        {
            scanf("%f",&score);  sum+=score;
        }
        ave=sum/4.0;
        printf("NO%d:%f\n",n,ave);
    }
}
```

上述程序运行后结果不正确，调试中发现有一条语句出现在程序中的位置不正确。这条语句是（　　　）。

A. sum=0.0;

B. sum+=score;

C. ave=sun/4.0;

D. printf("NO%d:%f\n",n,ave);

12. 有下列程序段：

```
int n=0,p;
```

```
do{scanf("%d",&p);n++;}while(p!=12345 &&n<3);
```
此处 do...while 循环的结束条件是：

A．P 的值不等于 12345 并且 n 的值小于 3

B．P 的值等于 12345 并且 n 的值大于等于 3

C．P 的值不等于 12345 或者 n 的值小于 3

D．P 的值等于 12345 或者 n 的值大于等于 3

13．下列程序中，while 循环的循环次数是（　　　）。

```
main()
{
    int  i=0;
    while(i<10)
    {
        if(i<1)   continue;
        if(i==5)  break;
        i++;
    }
    …
}
```

A．1   B．10

C．6   D．死循环，不能确定次数

14．下列程序的输出结果是（　　　）。

```
main()
{
    int  a=0,i;
    for(i=1;i<5;i++)
    {
        switch(i)
        {
            case 0:
            case 3:a+=2;
            case 1:
            case 2:a+=3;
            default:a+=5;
        }
    }
    printf("%d\n",a);
}
```

A．31   B．13   C．10   D．20

15．下列程序的输出结果是（　　　）。

```
#include <stdio.h>
main()
```

```
{
    int   i=0,a=0;
    while(i<20)
        {
            for(;;)
            {
                if((i%10)==0)
                    break;
                else
                    i--;
            }
            i+=11;
            a+=i;
        }
    printf("%d\n",a);
}
```

A. 21　　　　　　　　　B. 32　　　　　　　C. 33　　　　　　　D. 11

16. t 为 int 类型，进入下列的循环之前，t 的值为 0。

```
while(t=1)
{ … }
```

则以下叙述中正确的是（　　　　）。

A. 循环控制表达式的值为 0

B. 循环控制表达式的值为 1

C. 循环控制表达式不合法

D. 以上说法都不对

17. 下列程序的输出结果是（　　　　）。

```
main()
{
    int num=0;
    while(num<=2)
    {
        num++;
        printf("%d  ",num);
    }
}
```

A. 1 2 3 4　　　　　　　B. 1 2 3　　　　　　C. 1 2　　　　　　　D. 1

18. 下列程序的输出结果是（　　　　）。

```
main()
{
    int a, b;
    for(a=1,b=1;a<=100;a++)
    {
```

```
        if(b>=10)break;
        if(b%3==1)
        {
            b+=3;continue;
        }
    }
    printf("%d\n",a);
    getch();
}
```

A. 101　　　　　　　　B. 6　　　　　　　　C. 5　　　　　　　　D. 4

19. 有下列程序段：

```
int   k=0
while(k=1) k++;
```

则 while 循环执行的次数是（　　　）。

A. 无限次　　　　　　　　　　　　　　B. 有语法错，不能执行

C. 一次也不执行　　　　　　　　　　　D. 执行 1 次

20. 下列程序执行后 sum 的值是（　　　）。

```
main()
{
    int  i,sum;
    for(i=1;i<6;i++) sum+=i;
    printf("%d\n",sum);
}
```

A. 15　　　　　　　　B. 14　　　　　　　　C. 不确定　　　　　　　　D. 0

21. 有下列程序段：

```
main()
{
    int  x=3;
    do
        printf("%d",x-=2);
    while(!(--x));
}
```

其输出结果是（　　　）。

A. 1　　　　　　　　B. 程序有误　　　　　C. 1　–2　　　　　　　D. 死循环

22. 有如下程序：

```
main()
{
    int  i,sum;
    for(i=1;i<=3;sum++)
    sum+=i;
    printf("%d\n",sum);
}
```

该程序的执行结果是（　　　）。

A. 6　　　　　　　　B. 3　　　　　　　C. 死循环　　　　　　D. 0

23. 有如下程序：

```
main()
{
    int x=23;
    do
    {
        printf("%d",x--);
    }
    while(!x);
}
```

该程序的执行结果是（　　　）。

A. 321　　　　　　　B. 23　　　　　　　C. 不输出任何内容　　D. 陷入死循环

24. 有如下程序：

```
main()
{
    int  n=9;
    while(n>6)
    {
        n--;printf("%d",n);
    }
}
```

该程序段的输出结果是（　　　）。

A. 987　　　　　　　B. 876　　　　　　　C. 8765　　　　　　　D. 9876

25. 以下循环体的执行次数是（　　　）。

```
main()
{
    int i,j;
    for(i=0,j=1;i<=j+1;i+=2,j--)
        printf("%d \n",i);
}
```

A. 3　　　　　　　　B. 2　　　　　　　　C. 0　　　　　　　　D. 1

26. 以下叙述正确的是（　　　）。

A. do...while 语句构成的循环不能用其他语句构成的循环来代替

B. do...while 语句构成的循环只能用 break 语句退出

C. 用 do...while 语句构成的循环，在 while 后的表达式为非零时结束循环

D. 用 do...while 语句构成的循环，在 while 后的表达式为零时结束循环

27. 以下程序的执行结果是（　　　）。

```
main()
{
```

```
    int  a,y;
    a=10;y=0;
    do
    {
        a+=2;y+=a;
        printf("a=%d y=%d\n",a,y);
        if(y>20)
            break;
    }
    while(a=14);
    getch();
}
```

A.　a=12 y=12
　　a=14 y=16
　　a=16 y=20

B.　a=12 y=12
　　a=16 y=28
　　a=18 y=24

C.　a=12 y=12
　　a=14 y=26

D.　a=12 y=12
　　a=14 y=44

28. 下列程序的输出结果是（　　）。

```
main()
{
    int x=10,y=10,i;
    for(i=0;x>8;y=++i)
        printf("%d,%d ",x--,y);
    getch();
}
```

A.　10,1　9,2　　　　　B.　9,8　7,6　　　　C.　10,9　9,0　　　　D.　10,10　9,1

29. 下列程序的输出结果是（　　）。

```
main()
{
    int  n=4;
    while(n--)
    printf("%d ",--n);
    getch();
}
```

A.　2　0　　　　　　　B.　3　1　　　　　C.　3　2　1　　　　D.　2　1　0

30. 下列程序的输出结果是（　　）。

```
main()
{
    int  i;
    for(i=1;i<6;i++)
    {
        if(i%2)
```

```
    {
        printf("#");
        continue;
    }
    printf("*");
    }
    printf("\n");
    getch();
}
```

A. #*#*#   B. #####   C. *****   D. *#*#*

31. 执行以下程序段时，下列说法正确的是（   ）。

```
x=-1;
do {x=x*x; }  while(!x);
```

A. 循环体将执行一次   B. 循环体将执行两次

C. 循环体将执行无限次   D. 系统将提示有语法错误

32. 执行以下程序后，输出的结果是（   ）。

```
main()
{
    int y=10;
    do
    {
        y--;
    }
    while(--y);
    printf("%d\n",y--);
    getch();
}
```

A. -1   B. 1   C. 8   D. 0

33. 在下列选项中,没有构成死循环的程序段是（   ）。

A. int i=100   B. for(;;);
    while(1)   {
    i=i%100+1;   if(i>100)break;
                                      }

C. int k=1000;   D. int s=36;
    do{++k;} while(k>=10000);   while(s);--s;

34. 执行语句: for(i=1;i++<4;);后,变量 i 的值是（   ）。

A. 3   B. 4   C. 5   D. 不定

35. 下列程序的输出结果是（   ）。

```
main()
{
    int  i,j,x=0;
```

```
for(i=0;i<2;i++)
{
    x++;
    for(j=0;j<=3;j++)
    {
        if(j%2)continue;
        x++;
    }
    x++;
}
printf("x=%d\n",x);
}
```

A. x=4   B. x=8   C. x=6   D. x=12

36. 运行下列程序后，如果从键盘上输入 65   14<回车>，则输出结果为（   ）。

```
main()
{
    int  m, n;
    printf("Enter m,n;");
    scanf("%d%d",&m,&n);
    while(m!=n)
    {
        while (m>n)m-=n;
        while (n>m)n-=m;
    }
    printf("m=%d\n",m);
    getch();
}
```

A. m=3   B. m=2   C. m=1   D. m=1

37. 若 x 和 y 均为 int 型变量，则执行下列的循环后，y 值为（   ）。

```
for(y=1,x=1;y<=50;y++)
{
    if(x>=10)break;
    if(x%2==1)
    {
        x+=5;
        continue;
    }
    x-=3;
}
```

A. 2   B. 4   C. 6   D. 8

38. 若 a 和 b 为 int 型变量,则执行以下语句后 b 的值为（   ）。

```
a=1;b=10;
```

```
do
{b-=a;a++;}
while(b--<0) ;
```

A. 9　　　　　　　　B. -2　　　　　　　　C. -1　　　　　　　　D. 8

39. 若 j 为 int 型变量，则下列 for 循环语句的执行结果是（　　　）。

```
for(j=10;j>3;j--)
{
    if(j%3)j--;
     --j;--j;
     printf("%d  ",j);
}
```

A. 6　3　　　　　　　B. 7　4　　　　　　　C. 6　2　　　　　　　D. 7　3

40. 若 i、j 已定义为 int 类型，则以下程序段中内循环体的总的执行次数是（　　　）。

```
for(i=5;i;i--)
    for(j=0;j<4;j++){…}
```

A. 20　　　　　　　　B. 25　　　　　　　　C. 24　　　　　　　　D. 30

41. 执行下列程序后，a 的值为（　　　）。

```
main()
{
    int a,b;
    for(a=1,b=1;a<=100;a++)
    {
        if(b>=20) break;
        if(b%3==1)  {b+=3;continue; }
        b-=5;
    }
    printf("%d",a);
}
```

A. 7　　　　　　　　B. 8　　　　　　　　C. 9　　　　　　　　D. 10

42. 语句 while(!E)中的条件!E 等价于（　　　）。

A. E == 0　　　　　　B. E!=1　　　　　　C. E!=0　　　　　　D. ~E

43. 定义变量 int n=10; 则下列循环的输出结果是（　　　）。

```
while(n>7)
{
    n--;
    printf("%d  ",n);
}
```

A. 10 9 8 7　　　　　B. 9 8 7　　　　　　C. 10 9 8　　　　　　D. 8 7 6

44. 若有下列程序，则下列说法正确的是（　　　）。

```
main()
{
```

```
    int x=3;
    do
    {
        printf("%d\n",x-=2);
    }
    while(!(--x));
}
```

A. 输出的是 1
B. 输出的是 1 和-2
C. 输出的是 3 和 0
D. 是死循环

45. 下列程序的输出是（   ）。

```
main()
{
    int y=9;
    for(;y>0;y--)
    {
        if(y%3==0)
        {
            printf("%d",--y);
            continue;
        }
    }
}
```

A. 741
B. 852
C. 963
D. 875421

46. 若 x 是 int 型变量，则下列的程序段的输出结果是（   ）。

```
for(x=3;x<6;x++) printf((x%2)?("**%d"):("##%d\n"),x);
```

A. **3
   ##4
   ##5

B. ##3
   ##4
   **5

C. ##3
   **4
   **5

D. **3
   **4
   ##5

47. 有下列程序：

```
#include <stdio.h>
main()
{
    int a,b;
    for(a=1,b=1;a<=100;a++)
    {
        if(b>=20) break;
        if(b%3==1)
        {
            b+=3;
            continue;
        }
        b-=5;
```

```
    }
    printf("%d\n",a);
}
```

该程序的输出结果是（　　　）。

A. 7　　　　　　　　　B. 8　　　　　　　　C. 9　　　　　　　　D. 10

48. 有下列程序：

```
#include <stdio.h>
main()
{
    int num=0;
    while(num<=2)
    {
        num++;
        printf("%d  ",num);
    }
}
```

该程序的输出结果是（　　　）。

A. 1 2 3 4　　　　　　B. 1 2　　　　　　　C. 1 2 3　　　　　　D. 1

49. 有下列程序：

```
#include <math.h>
#include <stdio.h>
main()
{
    float x,y,z;
    scanf("%f%f",&x,&y);
    z=x/y;
    while(1)
    {
        if(fabs(z)>1.0)
        {
            x=y;
            y=z;
            z=x/y;
        }
        else break;
    }
    printf("%f\n",y);
}
```

若运行时从键盘上输入 3.6 2.4<CR>（<CR>表示回车），则输出的结果是（　　　）。

A. 1.500000　　　　　B. 1.600000　　　　C. 2.000000　　　　D. 2.400000

50. 执行下列程序段的结果是（　　　）。

```
int x=23;
```

```
do
{ printf("%2d",x--);}
while(!x);
```

A. 打印出 321　　　　　B. 打印出 23　　　　C. 不打印任何内容　　D. 陷入死循环

51. 下列程序的输出结果是（　　）。

```
#include <stdio.h>
main()
{
    int i;
    for(i=1;i<=5;i++)
    {
        if(i%2)
            printf("*");
        else
            continue;
        printf("#");
    }
    printf("$\n");
    getch();
}
```

A. *#*#*#$　　　　　　B. ##*#*#$　　　　　C. *#*#$　　　　　D. #*#*$

二、填空题

1. 下列程序运行后的输出结果是_____。

```
main()
{
    int  i,m=0,n=0,k=0;
    for (i=9;i<=11;i++)
    switch(i/10)
    {
        case  0:   m++;n++;break;
        case 10:   n++;break;
        default:   k++;n++;
    }
    printf("%d %d %d\n",m,n,k);
}
```

2. 下列程序运行后的输出结果是_____。

```
main()
{
    int x=15;
    while(x>10 && x<50)
    {
        x++;
```

```
        if(x/3){x++;break;}
        else continue;
    }
    printf("%d\n",x);
}
```

3. 下列程序运行后的输出结果是_____。

```
main()
{
    int i=10,j=0;
    do
    {
        j=j+i;i--;
    }
    while(i>2);
    printf("%d\n",j);
}
```

4. 有下列程序：

```
main()
{
    int   n1,n2;
    scanf("%d",&n2);
    while(n2!=0)
    {
        n1=n2%10;
        n2=n2/10;
        printf("%d",n1);
    }
}
```

程序运行后，如果从键盘上输入 1234，则输出结果为_____。

5. 下列程序的功能是计算 1 到 10 之间（包括 1 与 10）奇数之和及偶数之和。完成填空。

```
main()
{
    int a, b, c, i;
    a=c=0;
    for(i=0;i<=10;i+=2)
    {
        a+=i;
        _____;
        c+=b;
    }
    printf("even(2,4,6…),sum=%d\n",a);
    printf("odd(1,3,5+…),sum=%d\n",c-11);
}
```

6. 下列程序的功能是输出 100 以内能被 3 整除且个位数为 6 的所有整数，请填空。

```c
#include <stdio.h>
main()
{ int  i,j;
    for(i=0;_____ ;i++)
    {
        j=i*10+6;
        if(_____) continue;
        printf("%d",j);
    }
}
```

7. 设 i、j、k 均为 int 型变量，则执行完下列的 for 循环后 k 的值为_____。

```c
for(i=0,j=10;i<=j;i++,j--)
    k=i+j;
```

8. 下列程序的输出结果是_____。

```c
main()
{
    int x=2;
    while(x--);
    printf("%d\n",x);
}
```

9. 有下列程序段：

```c
main()
{
    int i=0, sum=1;
    do
    {
        sum+=i++;
    }
    while(i<6);
    printf("%d\n", sum);
}
```

该程序段的输出结果是_____。

第 5 章　函数与宏定义

5.1　本　章　要　点

【知识点 1】函数的概念

C 语言中的函数相当于其他高级语言的子程序。函数是一个可以反复使用的程序段，在其他程序段中均可以通过调用语句来执行这段程序，完成既定的工作。C 语言不仅提供了极为丰富的库函数（如 Turbo C、MS C 都提供了 300 多个库函数），还允许用户建立自己定义的函数。用户可把自己的算法编成一个个相对独立的函数模块，然后用调用的方法来使用函数。

从程序设计的角度来看，可以分为以下两种：

① 标准函数，即库函数；

② 自定义函数。

从函数形式的角度来看，函数也可分为无参函数和有参函数两种。

【知识点 2】函数的定义

一个函数在被调用之前必须先定义，函数定义的一般形式为：

存储类型　数据类型　函数名 (形式参数表)

{　　数据定义语句序列；

*　　　执行语句序列；*

}

【知识点 3】函数的调用

函数调用按是否有返回值分为有返回值的函数调用和无返回值的函数调用。其格式如下：

函数名 (实参表)；

无返回值的调用格式，最后要有一个语句结束符 ";"。

【知识点 4】函数的声明

函数声明是指在主调函数中，对在本函数中将要被调用的函数提前做必要的声明。函数声明的一般格式为：

存储类型　　数据类型　　函数名 (形式参数表)；

注意：

① 当函数定义在前，主调函数的定义在后时，可以不需要函数声明自定义函数。

② 如果被调用的自定义函数和主调函数不在同一文件中，则应在定义函数的文件中将该函数定义成 extern，在主调函数的函数体中将该函数说明为 extern。

【知识点 5】函数调用中的数据传递方法

C 语言规定在函数间传递数据有 4 种方式：值传递方式、地址传递方式、返回值方式、全局变量传递方式。

① 值传递方式所传递的是参数据值，其特点是"参数值的单向传递"。

② 地址传递方式所传递的是地址，其特点是"参数值的双向传递"。

③ 返回值方式不是在形式参数和实际参数之间传递数据，而是通过函数调用后直接返回一个值到主调函数中。该函数的数据类型不能是 void 类型，且函数体中就有"return<表达式>"语句。

④ 全局变量传递方式不是在形式参数和实际参数之间传递数据，而是利用在主调函数和被调函数中均有效的全局变量，在主调函数和被调函数之间任意传递数据。

【知识点 6】函数的嵌套调用和递归调用

① 在调用一个函数的过程中又调用另一个函数，便形成了函数之间的嵌套调用。

② 一个函数直接或间接地调用其自身，便构成了函数的递归调用。这种函数称为递归函数。

【知识点 7】预处理

所谓预处理是指在进行编译的第一遍扫描（词法扫描和语法分析）之前所做的工作。C 语言提供了多种预处理功能，如宏定义、文件包含、条件编译等。合理地使用预处理功能编写的程序便于阅读、修改、移植和调试，也有利于模块化程序设计。

【知识点 8】宏定义

宏定义是由源程序中的宏定义命令完成的。宏替换是由预处理程序自动完成的。在 C 语言中，"宏"分为有参数和无参数两种。

【知识点 9】文件包含

文件包含是 C 预处理程序的另一个重要功能。

文件包含命令行的一般形式为：

```
#include "文件名"
#include <文件名>
```

文件包含命令的功能是把指定的文件插入该命令行位置取代该命令行，从而把指定的文件和当前的源程序文件连成一个源文件。

【知识点 10】条件编译及其他

预处理程序提供了条件编译的功能。由于可以按不同的条件去编译不同的程序部分，因而可能产生不同的目标代码文件，这对于程序的移植和调试是很有用的。条件编译有 3 种形式。

5.2　习题参考解答

1. 选择题

（1）A　　（2）D　　（3）C　　（4）C　　（5）D　　（6）B　　（7）B　　（8）A

（9）C　　（10）A　　（11）C　　（12）C　　（13）B　　（14）B　　（15）D　　（16）A

（17）C　　（18）D　　（19）B　　（20）C

2. 填空题

（1）8,17　　（2）1　　　　（3）1

　　　　　　　　2　　　　　　2

　　　　　　　　3　　　　　　6

（4）57　　（5）32　　（6）4　　（7）7　　（8）2 14 3

（9）t3 is aA sStTrRiInNgG　　（10）31　　（11）32

（12）5　　（13）11　　（14）*z　　（15）x[j]=t　　（16）float

（17）z=x>y?x:y;

3. 编程题

（1）参考源程序如下：

```c
int fun(int i)
{
    int j,k;
    k=1;
    for(j=1;j<=i;j++)
        k=k*j;
    return k;
}
main()
{
    int i=1;
    float e=0.0,n=1.0;
    while(n>1.0e-6)
    {
        n=1.0/fun(i);
        i++;
        e=e+n;
    }
    printf("%f",e);
    getch();
}
```

（2）参考源程序如下：

```c
main()
{
    int a,c;
    scanf("%d",&a) ;
    c=ss(a);
    if(c==1)
        printf("%d 不是一个素数",a) ;
    else
        printf("%d 是一个素数",a) ;
    getch();
}
int ss(y)
int y;
```

```
{
    int z=0,i;
    for(i=2;i<y;i++)
        if(y%i==0)
            { z=1;break;}
    return(z);
}
```

（3）参考源程序如下：

```
int mypow(int x,int y)
{
    int i,p;
    p=1;
    for(i=1;i<=y;i++)
        p=p*x;
    return p;
}
main()
{
    int x,y,z;
    scanf("%d,%d",&x,&y);
    z=mypow(x,y);
    printf("pow(x,y)=%d",z);
    getch();
}
```

（4）参考源程序如下：

```
main()
{
    int c,n;
    scanf("%d",&n);
    c=a(n);
    printf("%d",c);
    getch();
}
int a(m)
int m;
{
    int z;
    if(m==1)  z=10;
    else z=a(m-1)+2;
    return(z);
}
```

（5）参考源程序如下：

```
maxyueshu(m,n)
```

```
int m,n;
{
    int i=1,t;
    for(;i<=m&&i<=n;i++)
    {
        if(m%i==0&&n%i==0)
            t=i;
    }
    return(t);
}
minbeishu(m,n)
int m,n;
{
    int j;
    if(m>=n) j=m;
    else j=n;
    for(;!(j%m==0&&j%n==0);j++);
        return j;
}
main()
{
    int a,b,max,min;
    printf("enter two number is: ");
    scanf("%d,%d",&a,&b);
    max=maxyueshu(a,b);
    min=minbeishu(a,b);
    printf("max=%d,min=%d\n",max,min);
}
```

（6）参考源程序如下：

```
#include <math.h>
float yishigen(m,n,k)
float m,n,k;
{
    float x1,x2;
    x1=(-n+sqrt(k))/(2*m);
    x2=(-n-sqrt(k))/(2*m);
    printf("two shigen is x1=%.3f and x2=%.3f\n",x1,x2);
}
float denggen(m,n)
float m,n;
{
    float x;
    x=-n/(2*m);
```

```
        printf("denggen is x=%.3f\n",x);
}
float xugen(m,n,k)
float m,n,k;
{
    float x,y;
    x=-n/(2*m);
    y=sqrt(-k)/(2*m);
    printf("two xugen is x1=%.3f+%.3fi and x2=%.3f-%.3fi\n",x,y,x,y);
}
main()
{
    float a,b,c,q;
    printf("input a b c is ");
    scanf("%f,%f,%f",&a,&b,&c);
    printf("\n");
    q=b*b-4*a*c;
    if(q>0) yishigen(a,b,q);
    else if(q==0) denggen(a,b);
    else xugen(a,b,q);
}
```

（7）参考源程序如下：

```
int zhuangzhi(b)
int b[3][3];
{
    int i,j,t;
    for(i=0;i<3;i++)
    for(j=0;j>=i&&j<3-i;j++)
        {t=b[i][j];b[i][j]=b[j][i];b[j][i]=t;}
}
main()
{
    int a[3][3];
    int i,j;
    for(i=0;i<3;i++)
    for(j=0;j<3;j++)
    scanf("%d",&a[i][j]);
    for(i=0;i<3;i++)
    {
        for(j=0;j<3;j++)
        printf(" %d",a[i][j]);
        printf("\n");
    }
```

```
        zhuangzhi(a);
        for(i=0;i<3;i++)
        {
            for(j=0;j<3;j++)
            printf(" %d",a[i][j]);
            printf("\n");
        }
}
```

（8）参考源程序如下：

```
main()
{
    char str0[100];
    gets(str0);
    fanxu(str0);
    puts(str0);
}
fanxu(str1)
char str1[100];
{
    int i,t,j;
    char str2[100];strcpy(str2,str1);
    t=strlen(str1);
    for(i=0,j=t-1;j>-1;i++,j--)
    str1[i]=str2[j];
}
```

（9）参考源程序如下：

```
lianjie(a,b)
char a[100],b[100];
{
    strcat(a,b);
}
main()
{
    char str1[100],str2[100];
    gets(str1);gets(str2);
    lianjie(str1,str2);
    puts(str1);
}
```

（10）参考源程序如下：

```
fuzhi(a,b)
char a[100],b[100];
{
    int i,j=0;
```

```
    for(i=0;a[i]!='\0';i++)
    if(a[i]==97||a[i]==101||a[i]==105||a[i]==111||a[i]==117||a[i]==65||
    a[i]==69||a[i]==73||a[i]==85) {b[j]=a[i];j++;}
}
main()
{
    char str1[100],str2[100];
    gets(str1);
    fuzhi(str1,str2);
    puts(str2);
}
```

（11）参考源程序如下：

```
char f(b)
char b[4];
{
    int i=0;
    for(;i<4;i++)
    {
        printf(" ");
        printf("%c",b[i]);
    }
    printf("\n");
}
main()
{
    int a,u,v,w,t;char c[4];
    scanf("%4d",&a) ;
    u=a*0.001;v=0.01*(a-1000*u);w=(a-1000*u-100*v)*0.1;t=a-1000*u-100*v-10*w;
    c[0]=u+48;
    c[1]=v+48;
    c[2]=w+48;
    c[3]=t+48;
    f(c) ;
}
```

（12）参考源程序如下：

```
char tongji(str0,b)
char str0[100];
int b[4];
{
    int i;
    for(i=0;str0[i]!='\0';i++)
    {if(str0[i]>=65&&str0[i]<=90||str0[i]>=97&&str0[i]<=122) b[0]++;
    else if(str0[i]>=48&&str0[i]<=57) b[1]++;
```

```
        else if(str0[i]==32) b[2]++;
        else b[3]++;}
}
main()
{
    char str1[100];static int i,a[4];
    gets(str1);
    tongji(str1,a);
    printf("zimu Shuzi Kongge Qita\n");
    for(i=0;i<4;i++)
    printf("%-8d ",a[i]);printf("\n");
}
```

（13）参考源程序如下：

```
cechang(str1,word0)
char str1[100],word0[15];
{
    int i=0,j=0,t=0;
    static char word1[15];
    for(;str1[i]!='\0';i++)
    {
        if(!(str1[i]>=97&&str1[i]<=122||str1[i]>=65&&str1[i]<=90))
        {t=j;j=0;continue;}
        word1[j]=str1[i];j++;
        if(j>=t) strcpy(word0,word1);
    }
}
main()
{
    char str0[100],longword[15];
    gets(str0);
    cechang(str0,longword);
    puts(longword);
}
```

（14）参考源程序如下：

```
int paixu(x)
int x[];
{
    int i,j,t;
    for(j=1;j<10;j++)
    for(i=0;i<=9-j;i++)
    if(x[i]>x[i+1]) {t=x[i+1];x[i+1]=x[i];x[i]=t;}
}
main()
```

```
    {
        int y[10];int i;
        for(i=0;i<10;i++)
        scanf("%d",&y[i]);
        paixu(y);
        for(i=0;i<10;i++)
        printf("%5d",y[i]);
        printf("\n");
    }
```

（15）参考源程序如下：

```
double qigen(s,t,u,v)
int s,t,u,v;
{
    double x,y;x=1;
    do{y=s*x*x*x+t*x*x+u*x+v;
    x=x-y/(3*s*x*x+2*t*x+u);}
    while(y!=0);
    return x;
}
main()
{
    int a,b,c,d;
    double x;
    scanf("%d,%d,%d,%d",&a,&b,&c,&d);
    x=qigen(a,b,c,d);
    printf("x=%.3f\n",x);
}
```

（16）参考源程序如下：

```
float p(x0,n)
int n;float x0;
{
    float y;
    if(n==0||n==1) if(n==1) y=x0;else y=1;
    else y=((2*n-1)*x0*p(x0,n-1)-(n-1)*p(x0,n-2))/n;
    return(y);
}
main()
{
    float x,y0;int a,i;
    scanf("%f,%d",&x,&a);
    y0=p(x,a);
    printf("y0=%.3f\n",y0);
}
```

（17）参考源程序如下：

```
float x1[10],x2[5];
float pp(),cc(),find(),xx();
main()
{
    char name[10][20],class[5][20];float score[10][5],o,k=0,max[5];
    int a[5],i,j;
    for(i=0;i<10;i++)
    gets(name[i]);
    for(j=0;j<5;j++) gets(class[j]);
        for(i=0;i<10;i++)
            for(j=0;j<5;j++)
                scanf("%f",&score[i][j]);
    pp(score);
    cc(score);
    find(score,max,a);
    o=xx(k);
    for(i=0;i<10;i++)
    {
        puts(name[i]);
        printf("%.3f\n",x1[i]);
    }
    for(j=0;j<5;j++)
    {
        puts(class[j]);
        printf("%.3f\n",x2[j]);
    }
    for(j=0;j<5;j++)
    {
        printf("%.3f \n",max[j]);
        puts(name[a[j]]);
        puts(class[j]);
    }
    printf("o=%.3f\n",o);
}
float pp(f)
float f[10][5];
{
    float sum=0;int i,j;
    for(i=0,sum=0;i<10;i++)
    {
        for(j=0;j<5;j++)
```

```
            sum=sum+f[i][j];
            x1[i]=sum/5;
        }
    }
float cc(y)
float y[10][5];
{
    float sum=0;int i,j;
    for(j=0;j<5;j++)
    {
        for(i=0;i<10;i++)
        sum=sum+y[i][j];
        x1[j]=sum/10;
    }
}
float find(z,s,t)
float z[10][5],s[5];int t[5];
{
    int i,j;
    for(j=0,s[j]=z[0][j];j<5;j++)
        for(i=0;i<10;i++)
            if(s[j]<z[i][j]) {s[j]=z[i][j];t[j]=i;}
}
float xx(q)
float q;
{
    float f=0,e=0;
    int i;
    for(i=0;i<10;i++)
    {   e=x1[i]*x1[i]+e;
        f=f+x1[i];
    }
    q=e/10-(f/10)*(f/10);
    return(q);
}
```

（18）参考源程序如下：

```
#define N 10
find(a,b)
int a[],b[];
{
    int i,j,s,t,c[N][2];
    for(i=0;i<N;i++)
    {c[i][1]=a[i];c[i][1]=i;}
```

```
    for(i=0;i<N;i++)
        for(j=0;j<N-i-1;j++)
            if(c[i][0]>c[i+1][0])
                {t=c[i][0];c[i][0]=c[i+1][0];c[i+1][0]=t;
    s=c[i][1];c[i][1]=c[i+1][1];c[i+1][1]=s;}
    for(i=0;i<N;i++)
        b[i]=c[i][1];
    return;
}
lookfor(h,k)
int h[],k;
{
    int i,j;
    for(i=0;i<N;i++)
        if(h[i]-k==0) j=i;
    return j;
}
main()
{
    int number[N],x[N],i,j,u,p;char name[N][20];
    for(i=0;i<N;i++)
    {
    gets(name[i]);
    scanf("%d",&number[i]);
    }
    scanf("%d",&p);
    find(number,x);
    u=lookfor(number,p);
    for(i=0;i<N;i++)
    {
        printf("%d",number[i]);
        puts(name[x[i]]);
    }
    puts(name[x[u]]);
}
```

（19）参考源程序如下：

```
#include<math.h>
int x;
ff(shu)
char shu[];
{
    int i=strlen(shu)-1,sum=0;
    for(;i>0;i--)
```

```
    {
        if(48<=shu[i]&&shu[i]<=57)  sum=sum+(shu[i]-48)*pow(16,(i-1));
        else if(65<=shu[i]&&shu[i]<=90)  sum=sum+(shu[i]-55)*pow(16,(i-1));
        else if(97<=shu[i]&&shu[i]<=102)  sum=sum+(shu[i]-87)*pow(16,(i-1));
        else x=0;
        if(x==0)  return;
    }
    if(i==0)  x=1;
    return sum;
}
main()
{
    char shufu[100];int s;
    gets(shufu);s=ff(shufu);
    if(x) printf("十进制数 =%d\n",s);
    else printf("The number is not 十六进制数\n");
}
```

（20）参考源程序如下：

```
#include <math.h>
int x[10];
pf(m,n)
unsigned long m;int n;
{
    int y;
    if(n==0)  {y=(int)(m%10);x[0]=y;}
    else {y=(unsigned long)((m-pf(m,n-1))/pow(10,n))%10;x[n]=y;}
    return(y);
}
main()
{
    unsigned long a,b;int i,j,k;char c[11];
    scanf("%ld",&a);
    for(j=0,b=a;b>0.1;j++,b/=10);
    pf(a,j-1);
    for(i=0,k=j-1;i<j;i++,k--)
    c[i]=x[k]+48;c[10]='\0';
    puts(c);
}
```

或

```
#include <math.h>
char x[11];
pf(m,o)
unsigned long m;int o;
```

```
{
    int j,i;
    for(i=o-1,j=0;i>-1;i--,j++)
    x[i]=(int)((unsigned long)(m/pow(10,j))%10)+48;
    return;
}
main()
{
    unsigned long a,b;int j,i;
    scanf("%ld",&a);
    for(j=0,b=a;b>0.1;j++,b/=10);
    pf(a,j);
    puts(x);printf("%d\n",j);
}
```

或

```
#include <math.h>
int x[10];unsigned long m;
pf(n)
int n;
{
    int y;
    if(n==0) {y=m%10;x[0]=y;}
    else {y=(unsigned long)((m-pf(n-1))/pow(10,n))%10;x[n]=y;}
    return(y);
}
main()
{
    unsigned long a;int i,j,k;char c[11];
    scanf("%ld",&m);
    for(j=0,a=m;a>0.1;j++,a/=10);
    pf(j-1);
    for(i=0,k=j-1;i<j;i++,k--)
    c[i]=x[k]+48;c[10]='\0';
    puts(c);
}
```

（21）参考源程序如下：

```
int find(x,y,z)
int x,y,z;
{
    int i,t,s,days=0;
    if(x%4==0) t=1;
    else t=0;
    for(i=1;i<y;i++)
```

```
    {
        if(i==2) s=2-t;
        else s=0;
        days=days+30+i%2-s;
    }
    days=days+z;
    return(days);
}
main()
{
    int year,month,date,day;
    scanf("%d %d %d",&year,&month,&date);
    day=find(year,month,date);
    printf("THE DATE IS THE %dth DAYS\n",day);
}
```

5.3　典型案例精解

【案例 5.1】以下函数调用语句中含有（　　　）个实参。

```
func((exp1,exp2),(exp3,exp4,exp5));
```

A. 1　　　　　　　　　　B. 2　　　　　　　　　C. 4　　　　　　　　　D. 5

【答案】B。

【解释】函数的实参是指用逗号分开的几个实体，但并不包括各个实体中的具体内容。本例中，由逗号分开的实体有两个，而在这两个实体中的内容则不是实参。所以选择 B。

【案例 5.2】sizeof(double)是（　　　　）。

A. 一种函数调用　　　　　　　　　　B. 一个双精度型表达式

C. 一个整型表达式　　　　　　　　　D. 一个不合法的表达式

【答案】C。

【解释】分清函数调用和表达式之间的区别。sizeof 所构成的仅仅是一个表达式而已，并不是函数调用。同时要清楚，sizeof 得到的值是 double 类型的字节数，所以是一个整型数据，而非双精度数据。所以选择 C。

【案例 5.3】若有语句：char str1[]="string",str2[8],*str3,*str4="string";，则（　　　　）不是对库函数 strcpy 的正确调用。

A. strcpy(str1,"HELLO1");　　　　　　B. strcpy(str2,"HELLO2");

C. strcpy(str3,"HELLO3");　　　　　　D. strcpy(str4,"HELLO4");

【答案】C。

【解释】本例需要清楚库函数 strcpy()的调用方法。具体可以参见库函数手册。

【案例 5.4】有如下的函数：

```
g(x)
float x;
```

```
{
    printf("\n%d",x*x);
}
```

则函数的类型（　　　）。

    A. 与参数 x 的类型相同 　　　　　　B. 是 void

    C. 是 int 　　　　　　　　　　　　　D. 无法确定

【答案】C。

【解释】函数的类型即为函数返回值的类型。该函数的返回值是执行函数 printf 正确与否，正确则返回 1，错误则返回 0，该函数的类型是 int 型。所以选择 C。

【案例 5.5】C 语言规定，程序中各函数之间（　　　）。

    A. 既允许直接递归调用又允许间接递归调用

    B. 既不允许直接递归调用又不允许间接递归调用

    C. 允许直接递归调用不允许间接递归调用

    D. 不允许直接递归调用允许间接递归调用

【答案】A。

【解释】函数既可以直接递归调用也可以间接递归调用。所以选择 A。

【案例 5.6】以下对 C 语言函数的有关描述中，正确的是（　　　）。

    A. 在 C 语言程序中调用函数时，只能把实参的值传送给形参，形参的值不能传送给实参

    B. C 函数既可以嵌套定义又可以递归调用

    C. 函数必须有返回值，否则不能使用函数

    D. C 程序中有调用关系的所有函数必须放在同一个源程序文件中

【答案】A。

【解释】调用函数就是将实参的值传给形参，但形参的值是不能返回给实参的。函数可以递归调用，但不能嵌套定义。函数不必一定有返回值，可以是 void 类型的。有调用关系的函数不必在一个源文件中，只要在主函数中说明即可。所以选择 A。

【案例 5.7】以下叙述中不正确的是（　　　）。

    A. 在 C 语言中，函数中的自动变量可以赋初值，每调用一次，赋一次初值

    B. 在 C 语言中，在调用函数时，实在参数和对应形参在类型上只需赋值兼容

    C. 在 C 语言中，外部变量的隐含类别是自动存储类别

    D. 在 C 语言中，函数形参可以说明为 register 变量

【答案】C。

【解释】在 C 语言中，外部变量的隐含类别是静态存储类别。所以选择 C。

【案例 5.8】C 提供 3 种预处理功能：_____、_____和条件编译。

【答案】宏定义，文件包含。

【解释】要清楚 C 语言提供的预处理功能，并且清楚其概念。

【案例 5.9】"C 语言编译预处理是在编译之前完成的"，指出这句话存在的问题。

【答案】编译预处理是 C 语言特有的一个重要功能，它由预处理程序负责完成。当对一个源文件进行编译时，系统将自动引用预处理程序对源程序中的预处理部分做处理，处理完毕自动进入对

源程序的编译。编译预处理是在进行编译的第一遍扫描（词法扫描和语法分析）之前所做的工作。

【案例 5.10】设有如下宏定义：

```
#define   MYSWAP(z,x,y)   {z=x;x=y;y=z;}
```
以下程序段通过宏调用实现变量 a、b 内容交换，请填空。

```
float   a=5,b=16,c;
_____;
```
【答案】MYSWAP(c,a,b)

【解释】根据宏定义的展开规则，本题不难作答。

【案例 5.11】下列程序的运行结果是（　　　）。

```
#include <stdio.h>
#define M 3
#define N M+1
#define NN N*N/2
main()
{
    printf("%d,",NN);
    printf("%d\n",5*NN);
}
```

A. 3，17　　　　　　B. 4，18　　　　　　C. 6，18　　　　　　D. 8，40

【答案】C。

【解释】本例同样需要清楚宏定义的展开规则。

【案例 5.12】以下程序的输出结果是（　　　）。

```
#include <stdio.h>
#define FUDGE(y) 2.84+y
#define PR(A)  printf("%d",(int)(A ))
#define PRINT(A) PR(A);putchar('\n')
main()
{
    int x=2;
    PRINT(FUDGE(5)*x);
}
```
A. 11　　　　　　　B. 12　　　　　　　C. 15　　　　　　　D. 16

【答案】B。

【解释】宏定义的展开是编译预处理的考查重点，务必要对其熟悉。

【案例 5.13】编写一个函数 fun(char *s),函数的功能是把字符串中的内容逆置。

例如，字符串中原有的内容为 abcdefg，则调用该函数后，串中的内容为 gfedcba。

【答案】

参考源程序如下：

```
#include <string.h>
#include <conio.h>
#include <stdio.h>
```

```
#define N 81
fun(char *s)
{
    int i=0,t,n=strlen(s);
    for(;s+i<s+n-1-i;i++)
    {t=*(s+i);*(s+i)=*(s+n-1-i);*(s+n-1-i)=t;}
}
main()
{
    char a[100];
    printf("Enter a string:"); gets(a) ;
    printf("The original string is:");puts(a) ;
    fun(a);
    printf("\n");
    printf("The string after modified:");
    puts(a);
    getch();
}
```

【解释】本例的算法是先分别找出字符串的两头，然后同时逐一往中间移动，每移动一次都进行两字符的位置对换，直到中间字符（s+i<s+n-1-i 来控制）：由于 s+i 中一个地址，因此要注意把它的内容取出再进行换位，即先进行取内容运算。

【案例 5.14】编写程序，从键盘输入三角形的 3 条边，调用三角形面积函数求出其面积，并输出结果。算法流程图如图 5-1 所示。

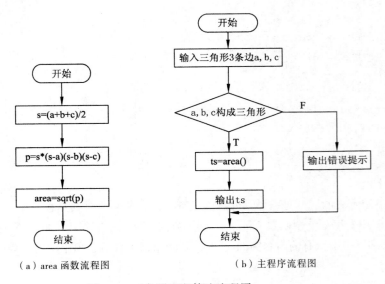

（a）area 函数流程图   （b）主程序流程图

图 5-1   三角形面积算法流程图

【答案】

参考源程序如下：

```
#include <math.h>
#include <stdio.h>
float area(float a,float b,float c)
{
    float s,p,area;
    s=(a+b+c)/2;
    p=s*(s-a)*(s-b)*(s-c);
    area=sqrt(p) ;                          /*根据海伦公式求三角形面积*/
    return(area) ;
}
main()
{
    float x,y,z,ts;
    scanf("%f,%f,%f",&x,&y,&z);
        if(x+y>z && x+z>y && z+y>x)          /*判断是否构成三角形*/
            ts=area(x,y,z);                  /*调用求三角形面积函数*/
        else
    printf("data error!");
    printf("area=%f\n",ts);
}
```

【解释】

① 程序要用到开方函数，将头文件 math.h 包含进来。

② 要判断输入的 3 条边是否构成三角形。如果不能，输出错误提示。

③ 根据输入的 3 条边的长度，可由海伦公式求出其面积。设 $p=(a+b+c)/2$，三角形的面积等于 $\sqrt{p(p-a)(p-b)(p-c)}$。

④ 求面积函数的类型是浮点型，它是有返回值的，不能写成调用语句，而是把函数调用当作表达式，能把它放在表达式能出现的任何地方。

【案例 5.15】编写一个程序，用于求解一元二次方程的根。要求求解用一个函数实现，并且分别用 3 个函数实现判别式大于 0、等于 0 和小于 0 时的运算。

【答案】

参考源程序如下：

```
#include <stdio.h>
#include <math.h>
void answer1(double discr,double a,double b)
{
    double x1,x2;
    x1=(-b+sqrt(discr))/(2*a);
    x2=(-b-sqrt(discr))/(2*a);
    printf("has distinct real roots:%lf,%lf\n",x1,x2);
}
```

```
void answer2(double discr,double a,double b)
{
    double x1,x2;
    x1=x2=-b/(2*a);
    printf("has two equal roots:%lf,%lf\n",x1,x2);
}
void answer3(double discr,double a,double b)
{
    double realpart,imagpart;
    realpart=-b/(2*a);
    imagpart=sqrt(-discr)/(2*a);
    printf("%lf+%lf\n",realpart,imagpart);
    printf("%lf-%lf\n",realpart,imagpart);
}
void solution(double a,double b,double c)
{
    double discr;
    discr=b*b-4*a*c;
    if(discr>1e-6)
        answer1(discr,a,b);
    else if(discr<=1e-6)
        answer2(discr,a,b);
    else
        answer3(discr,a,b);
}
main()
{
    double a,b,c;
    printf("this is a process for equations result!\n");
    printf("please enter the coefficients a,b,c:");
    scanf("%lf,%lf,%lf",&a,&b,&c) ;
    if(a<1e-6)
        printf("the equation is not a quadratic!\n");
    else
        solution(a,b,c);
    return 0;
}
```

【解释】求解一元二次方程的方法这里不再赘述。编写程序时需要注意的地方是，实数与 0 进行相等比较是很困难的，因此本程序中让实数与小数进行大小比较，以确定求出的判别式是否为 0。算法流程图如图 5-2 所示。其中 answer2() 函数和 answer3() 函数流程图与 answer1() 函数流程图类似，所以略去。

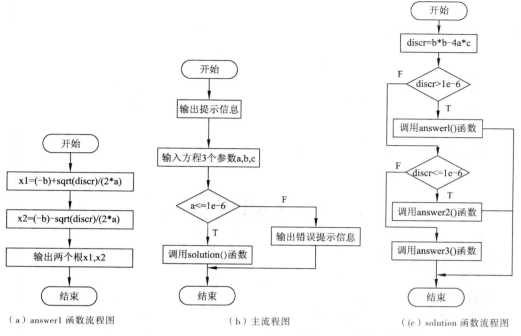

图 5-2 求解一元二次方程的根算法流程图

（a）answer1 函数流程图　　　　（b）主流程图　　　　（c）solution 函数流程图

【案例 5.16】编写一个计算 n 次勒让德多项式的递归程序。n 次定义为：

$$p_n(x) = \begin{cases} 1 & (n=0) \\ x & (n=1) \\ \left[(2n-1)xp_{n-1}(x)-(n-1)p_{n-2}(x)\right]/n & (n>0) \end{cases}$$

【解释】递归程序的设计思想体现的是逐步求精原则，把一个问题分解成若干子问题，子问题中的问题与原始问题具有相同的特征属性，至多只是某些参数不同，规模比原来小了。此时就可以对这些子问题实施与原始问题相同的分析方法，直到规模小到问题容易解决或已经解决为止。也就是说要将整个问题的算法设计成一个函数，则解决这个子问题的算法就表现为对应函数的递归调用。根据 n 次勒让德多项式的定义很容易写出它的递归函数。本题的回归条件有两个，要注意 n 应该为整型数据，x 为浮点型数据。

【答案】

参考源程序如下：

```c
#include <stdio.h>
float p(int n,float x)
{
    if(n==0)
        return 1;
    else if(n==1)
        return x;
    else
        return ((2*n-1)*x*p(n-1,x)-(n-1)*p(n-2,x))/n;
```

```
}
main()
{
    int n;
    float x,t;
    printf("Enter integer n,float x please:");
    scanf("%d,%f",&n,&x);
    t=p(n,x);
    printf("%f\n",t);
}
```

5.4   实验操作题

【实验一】函数调用

1. 实验目的
① 掌握 C 语言函数定义及调用的规则。
② 学习模块化程序设计的方法，增强程序设计能力。
③ 掌握通过"值传递"调用函数的方法。

2. 实验内容
（1）实验程序 1
编写函数，求出从主调函数传过来的数值 i 的阶乘值，然后将其传回主调函数并输出。算法流程图如图 5-3 所示。

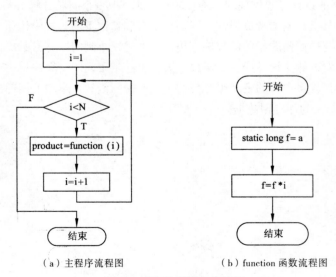

（a）主程序流程图   （b）function 函数流程图

图 5-3   阶乘值算法流程图

示例输出：

1 的阶乘是：1

2 的阶乘是：2

3 的阶乘是：6

4 的阶乘是：24

5 的阶乘是：120

参考源程序如下：

```
#include <stdio.h>
#define N 5                        /*定义符号常量 N，代表数字 5*/
long function(int i)
{
    static int f=1;                /*定义局部静态变量 fua 赋初值 1*/
    f=f*i;                         /*求形参 i 的阶乘值并存放在 f 中*/
    return f;
}
void main()
{
    long product;
    int i;
    for(i=1;i<=N;i++)
    {
        product=function(i);  /*调用函数 function()求阶乘值，并赋值给 product */
        printf("%d 的阶乘是:%ld\n",i,product);  /* 输出 */
    }
}
```

编程提示：

① 定义符号常量一方面可以增强程序的可读性，另一方面可以根据需要修改符号常量的值来求不同数的阶乘值，使程序具有通用性。

② int 型变量占 2 个字节的存储空间，当求的值太大时存放不下，所以要用长整型数来在放，long 型变量占 4 个字节的存储空间。

③ 使用循环语句依次求出 1～N 的阶乘值。

④ 在循环体中，每次调用一次求阶乘函数就能求出指定值的阶乘的值。

⑤ 求阶乘函数的类型是长整型，它是有返回值的，不能写成调用语句。而是把函数调用当作表达式，能把它放在表达式能出现的任何地方。

⑥ 局部静态变量有全局的寿命和局部的可见性，退出 function()函数它是不可见的，进入 function()函数它又可见。这说明该局部静态变量没有释放。

⑦ 局部静态变量的值具有继承性，利用这一特点可以依次求出 1～N 的阶乘值。

（2）实验程序 2

编写程序，从键盘输入两个整数，调用 gcd()函数求它们的最大公约数，并输出结果。算法流程图如图 5-4 所示。

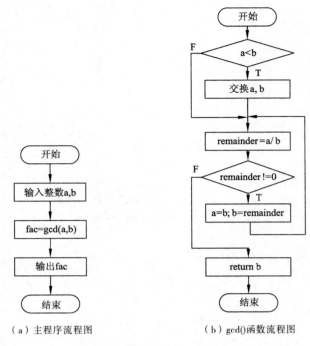

（a）主程序流程图　　　　　　（b）gcd()函数流程图

图 5-4　最大公约数算法流程图

示例输出：

please input two integers:64,72

The great common divisor is :8

参考源程序如下：

```c
#include <stdio.h>
int gcd(int a,int b)
{
    int temp;
    int remainder;
    if(a<b)
    {
        temp=a;a=b;b=temp;      /*交换 a 和 b 的值*/
    }
    remainder=a%b;
    while(remainder!=0)
    {
        a=b;                    /*辗转相除最大公约数*/
        b=remainder;
        remainder=a%b;
    }
    return b;
}
main()
```

```
{
    int x,y;
    int fac;
    printf("please input two integers:");/*提示输入两个整数*/
    scanf("%d,%d",&x,&y);                    /*输入两个整数*/
    fac=gcd(x,y);                     /*用输入的两个数调用求最大公约数的函数*/
    printf("The great common divisor is:%d",fac);
}
```

编程提示：

① 程序的关键点是用辗转相除法求两个整数的最大公约数。例如，a>b，如果 a 能被 b 整除，最大公约数就是 b。如果 a 除 b 的余数为 c，则继续用 b 除 c，如此反复，直到余数为 0，则最后一个非 0 除数就为 a，b 的最大公约数。

② 求最大公约数函数的类型是整型，它是有返回值的，不能写成调用语句，而是把函数调用当做表达式，能把它放在表达式能出现的任何地方。

（3）实验程序 3

输入整数 n，输出高度为 n 的等边三角形的图形。当 n=5 时的等边三角形如下：

```
    *
   ***
  *****
 *******
*********
```

算法流程图如图 5-5 所示。

参考源程序如下：

```c
#include <stdio.h>
void triangle(int n)
{
    int i,j;
    for(i=0;i<n;i++)
    {
        for(j=n;j>i;j--) printf(" ");        /*打印每一行的空格*/
        for(j=0;j<2*i+1;j++) printf("*"); /*打印每一行的*号*/
        putchar('\n');
    }
}
main()
{
    int n;
    printf("输入整数 n:");                  /*提示输入一个整数 n*/
    scanf("%d",&n);                        /*输入整数 n*/
    printf("\n");
    triangle(n);                          /*调用函数打印出等边三角形*/
}
```

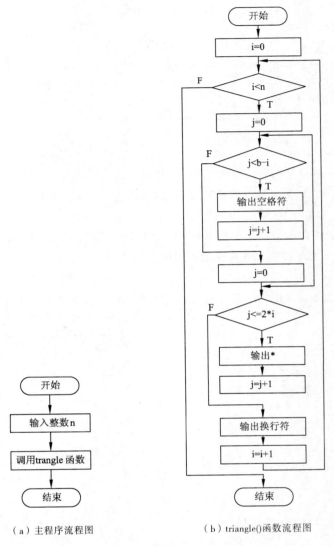

（a）主程序流程图　　　　　（b）triangle()函数流程图

图 5-5　等边三角形的图形算法流程图

编程提示：

由示例可以看出等边三角形的组成规律，每一行*号前的空格数都比上一行少一个，每一行*号的个数也是有规律的。由此编写一个 triangle(int n)函数来打印高度为 n 的等边三角形。

（4）实验程序 4

若正整数 A 的所有因子（包括 1 但不包括自身，下同）之和为 B，而 B 的因子之和为 A，则称 A 和 B 为一对亲密数。例如，6 的因子之和为 1+2+3=6，因此 6 与 6 为一对亲密数；又如，220 的因子之和为 1+2+4+5+10+11+20+22+44+55+110=284，而 284 的因子之和为 1+2+4+71+142=220，因此 220 与 284 为一对亲密数。

求 500 以内的所有亲密数对。具体要求如下：

① 编制一个函数 facsum(m)，返回给定正整数 m 的所有因子（包括 1 但不包括自身）之和。

② 编制一个函数，调用①中的函数 facsum()，寻找并输出 500 以内的所有亲密数对。

③ 输出要有文字说明。在输出每对亲密数时，要求小数在前、大数在后，并去掉重复的亲密数对。

④ 所有函数中的循环均采用 for 循环。

算法流程图如图 5-6 所示。

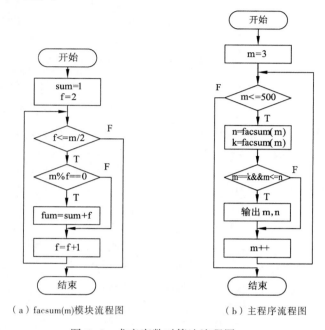

（a）facsum(m)模块流程图　　　　（b）主程序流程图

图 5-6　求亲密数对算法流程图

示例输出：

```
6,6
28,28
220,284
496,296
```

参考源程序如下：

```c
#include <stdio.h>
int facsum(int m)
{
    int sum=1,f=2;
    while(f<=m/2)     /*while 循环的循环体*/
    {
        if(m%f==0)     /*循环求 m 的因子之和并存放在 sum 变量中*/
            sum=sum+f;
            f=f+1;
    }
    return sum;
}
```

```
main()
{
    int m=3,n,k;
    while(m<=500)              /*求 500 以内亲密数对的 while 循环体*/
    {
        n=facsum(m);           /*调用 facsum 求 m 的因子之和并存入 n 中*/
        k=facsum(n);           /*调用 facsum 求 k 的因子之和并存入 k 中*/
        if(m==k&&m<n)          /*判断是否是亲密数对的 if 条件语句*/
            m++; printf("%d,%d\n",m,n); /*输出亲密数对*/
    }
}
```

编程提示：

① facsum(m)模块中，求出 m 所有的因子，并将它们的和作为返回值。

② 在主函数中，for 循环从 m=3 开始调用 facsum(m)，再计算 m 是否有亲密对。

【实验二】递归函数的应用

1. 实验目的

① 理解递归函数概念。

② 掌握递归函数的设计方法。

③ 掌握模块化程序设计的方法，增强程序设计能力。

2. 实验内容

（1）实验程序 1

编写一个主函数，由键盘输入 n，x，y，调用函数 ack(n,x,y)，计算 Ackerman()函数。
Ackerman()函数的定义如下：

n、x、y 为非负整数，且

$$ack(n,x,y)=\begin{cases} x+1 & n=0 \\ x & n=1 \text{ 且 } y=0 \\ 0 & n=2 \text{ 且 } y=0 \\ 1 & n=3 \text{ 且 } y=0 \\ 2 & n\geqslant 4 \text{ 且 } y=0 \\ ack(n-1,ack(n,x,y-1),x) & n\neq 0 \text{ 且 } y\neq 0 \end{cases}$$

示例输出：

```
Please input n,x,y:2,3,1
Ack(2,3,1)=3
```

参考源程序如下：

```
#include <stdio.h>
int ack(int n,int x,int y)
{
```

```
    int a;
    if(n==0)                          /*判断回归条件 1 的 if 语句头部*/
        a=x+1;
    else if(n==1&&y==0)               /*判断回归条件 2 的 if 语句头部*/
        a=x;
    else if(n==2&&y==0)               /*判断回归条件 3 的 if 语句头部*/
        a=0;
    if(n==3&&y==0)                    /*判断回归条件 4 的 if 语句头部*/
        a=1;
    else if(n>=4&&y==0)               /*判断回归条件 5 的 if 语句头部*/
        a=2;
    else if(n!=0&&y!=0)               /*进一步递推的语句*/
        a=ack(n-1,ack(n,x,y-1),x);
    return a;
}
main()
{
    int n,x,y,result;
    printf("Please input n,x,y:");   /*提示输入 n,x,y*/
    scanf("%d,%d,%d",&n,&x,&y);       /*输入 n,x,y*/
    if(n<0||x<0||y<0)                 /*如果输入不合法，输出错误提示信息并重新输入*/
    {
        printf("\nPlease input n,x,y:");
        scanf("%d,%d,%d",&n,&x,&y);
    }
    result=ack(n,x,y);               /*用输入的两个数据，调用递归函数*/
    printf("Ack(%d,%d,%D =%d\n",n,x,y,result);
}
```

编程提示：

根据递归公式编写递归程序时，注意有 5 个回归条件。

（2）实验程序 2

编写计算学生年龄的递归函数。

$$age = \begin{cases} 10 & (n=1) \\ age(n-1)+2 & (n>1) \end{cases}$$

用递归方法计算学生的年龄。已知学生的最小年龄为 10 岁，其余学生一个比一个大 2 岁，求第 5 位学生的年龄。

示例输出：

第 5 位学生的年龄是:18

参考源程序如下：

```
#include <stdio.h>
int age(int n)
```

```
{
    int c;
    if(y==1)              /*判断回归条件的if语句头部*/
    c=10;
    else
    c=age(n-1)+2;         /*进一步递推的语句*/
    return c;
}
void main()
{
    int n=5;
    printf("第%d位学生的年龄是:%d",n,age(5));  /*调用递归函数输出第5位学生年龄*/
}
```

编程提示：

只用能定出递归算法的数学模型，才能编写成递归函数。本题很容易根据递归问题描述写出递归公式，进而写出递归程序。

（3）实验程序3

编写计算 x 的 y 次幂的递归函数 getpower(int x,int y)，并在主程序中实现输入/输出。

$$getpower(x, y) = \begin{cases} x & (y = 1) \\ x * getpower(x, y-1) & (y \geq 1) \end{cases}$$

示例输出：

输入一个数：61

输入幂次方：5

结果是：844596301

参考源程序如下：

```
#include <stdio.h>
long getpower(int x,int y)
{
    if(y==1)                          /*判断回归条件的if语句头部*/
        return x;
    else
        return x*getpower(x,y-1);      /*进一步递推的语句*/
}
void main()
{
    int num,power;
    long answer;
    scanf("%d",&num);                 /*提示输入一个数*/
    printf("输入幂次方: ");            /*输入一个整数*/
    scanf("%d",&power);               /*提示输入幂次方*/
    answer=getpower(num,power);        /*用输入的两个数据，调用递归函数*/
```

```
    printf("结果是: %ld\n",answer);
}
```

编程提示：

① 只有能写出递归算法的数学模型，才能编写成递归函数。

② 在主函数中，变量 answer 可能要存放较大的数，所以将它的类型定义为 long 型。

③ 求幂的递归函数 getpower()可能要存放较大的数，所以将它的类型定义为 long 型。

④ 输出结果的 printf()函数，由于要输出长整型数据，所以其输出格式为 "%ld"。

5.5　附 加 习 题

一、选择题

1. 以下正确的函数定义是（　　　　）。

A．double fun(int x,int y) {　}

B．double fun(int x;int y) {　}

C．float fun(int x;y) {　}

D．float fun(int x,y) {　}

2. C 语言中，函数返回值的类型是由（　　　）决定。

A．主调函数的类型

B．return 语句中表达式的类型

C．由系统临时指定

D．定义该函数时所指定的函数类型

3. 下列有关函数的说法正确的是（　　　　）。

A．在 C 语言中，若对函数类型未加说明，则系统隐含类型为 void

B．C 函数必须有返回值，否则无法使用

C．C 函数既可以嵌套定义，又可以可递归调用

D．C 函数中，形式参数必须指定为确定的类型

4. 用一维数组名作函数的实际参数，则传递给形式参数的是（　　　　）。

A．数组首元素的地址

B．数组中第一个元素的值

C．数组中元素的个数

D．数组中全部元素的值

5. 若已定义的函数有返回值，则有关该函数调用的叙述中错误的是（　　　　）。

A．调用可以作为独立的语句存在

B．调用可以作为一个函数的形参

C．调用可以作为一个函数的实参

D．调用可以出现在表达式中

6. C 语言中，return 语句正确的说法是（　　　　）。

A．只能在主函数中出现

B．在每个函数中都必须出现

C．可以在一个函数中出现多次

D．只能在除主函数之外的函数中出现

7. 如果在程序中使用了 C 库函数中的字符串函数，则应在源程序中使用的文件包含命令是（　　　　）。

A．#include <stdio.h>

B．#include <stdlib.h>

C. #include <math.h>　　　　　　　　　　　D. #include <string.h>

8. 已定义函数如下：

```
int fun(int *p)
{ return *p;}
```

则函数的返回值是（　　　）。

A. 不确定的值　　　　　　　　　　　　　B. 形参 p 中存放的值

C. 形参 p 所指存储单元的值　　　　　　　D. 形参 p 的地址值

9. 以下叙述不正确的是（　　　）。

A. 在不同的函数中可以使用同名的变量

B. 函数中的形式参数是局部变量

C. 在函数内定义的变量只在本函数范围内有效

D. 在函数内复合语句中定义的变量也可在本函数范围内有效

10. 以下正确的说法是（　　　）。

A. 全局变量的的作用域一定比局部变量的作用范围大

B. 函数的形参可以是全局变量

C. 静态 static 变量的生存期贯穿于整个程序运行期间

D. 在定义变量时没有赋初值的 auto 变量和 static 变量的初值都是随机值

11. 下列关于 C 语言全局变量与局部变量的叙述中，错误的是（　　　）。

A. 函数调用结束时，函数中静态局部变量不释放内存空间，变量值保留

B. 函数调用结束时，函数中动态局部变量释放内存空间，变量值消失

C. 全局变量的生存周期是从程序开始到程序结束

D. 在一个函数或复合语句中，当局部变量与已有的全局变量重名时，在该函数或复合语句中局部变量不起作用

12. 以下程序运行后的输出结果是（　　　）。

```
#include <stdio.h>
int a,b;
void f()
{
    extern int a,b;
    int x=20,y=25;
    a=a+x+y;b=b+x-y;
}
void main()
{
    int x=9,y=7;
    a=x+y;b=x-y;
    f();
    printf("%d,%d\n",a,b);
}
```

A. 61，−3　　　　　　B. 16，2　　　　　　C. 25，−5　　　　　　D. 以上都不正确

二、填空题

1. 下列程序输出的最后一个值是_____。

```c
#include <stdio.h>
int ff(int n)
{
    static int f=1;
    f=f*n;
    return (f);
}
void main()
{
    int i;
    for(i=1;i<=5;i++)
        printf("%d\n",ff(i));
}
```

2. 下列程序的功能是将字符串 str 中所有空格去掉。

```c
#include <stdio.h>
void main()
{
    char str[]="we are learning C Language.";
    int n=0,m=0;
    do
    {
        if(str[m]!=' ')_____
        m++;
    }
    while(str[m]!='\0');
    _____
    printf("%s\n",str);
}
```

三、编程题

1. 编写两个函数，分别求由键盘输入的两个整数的最大公约数和最小公倍数，用主函数调用这两个函数，并输出结果。

2. 编写一个函数，由参数传入一个字符串，统计此字符串中字母、数字和其他字符的个数，在主函数中输入字符串并显示统计结果。

3. 编写判断水仙花数的函数，从主函数输入正整数 n，在主函数中调用判断水仙花数的函数，找出 n 以内的所有的水仙花数。

4. 定义一个宏，编程实现两个数互换。输入两个数作为使用参数，并显示结果。

第6章 数　　组

6.1　本　章　要　点

【知识点 1】 数组的概念

数组（array）是一种数据结构，它与通常所提到的数组概念不完全相同。在程序设计中，为了处理方便，把具有相同类型的若干变量按有序的形式组织起来，这些按序排列的同类数据元素的集合称为数组。在 C 语言中，数组属于构造数据类型，一个数组可以分解为多个数组元素，这些数组元素可以是基本数据类型或是构造类型。按数组元素的类型不同，数组又可分为数值数组、字符数组、指针数组、结构数组等各种类别。高级语言中的数组在计算机内是用一批连续的存储单元来表示的，称为数组的顺序存储结构。实际应用中还可以根据需要选择数组的其他存储方式。

【知识点 2】 数组的定义

同变量一样，数组也必须先定义后使用。

定义的一般形式：

存储属性　　数据类型　　数组名 [常量表达式 1] [常量表达式 2] …

"常量表达式"是常量或符号常量，其值必须为正，不能为变量。

对于数组类型说明应注意以下几点：

① 数组的类型实际上是指数组元素的取值类型。对于同一个数组，其所有元素的数据类型都是相同的。

② 数组名的书写规则应符合标识符的书写规定。

③ 数组名不能与其他变量名相同。数组名后是用方括号括起来的常量表达式，不能用圆括号。数组初始化赋值是指在数组定义时给数组元素赋予初值。

【知识点 3】 数组元素的表示方法

数组元素是组成数组的基本单元。数组元素也是一种变量，其标识方法为数组名后跟一个下标。下标表示了元素在数组中的顺序号。数组元素的一般形式为：

数组名 [下标]

其中，下标只能为整型常量或整型表达式，如为小数时，C 编译将自动取整。例如，a[5]、a[i+j]、a[i++]都是合法的数组元素。数组元素通常也称下标变量。必须先定义数组，才能使用下标变量。在 C 语言中只能逐个地使用下标变量，而不能一次引用整个数组。

【知识点 4】 数组的初始化赋值

数组初始化赋值是指在数组定义时给数组元素赋予初值。初始化赋值的一般形式为：

类型说明符　数组名 [常量表达式]={值,值…值};

C 语言对数组的初始化赋值的几点规定：

① 可以只给部分元素赋初值。

当"{}"中值的个数少于元素个数时，只给前面部分元素赋值。

例如：

`int a[10]={0,1,2,3,4};`

表示只给 a[0]～a[4]5 个元素赋值，而后 5 个元素自动赋 0 值。

② 只能给元素逐个赋值，不能给数组整体赋值。

例如，给 10 个元素全部赋 1 值，只能写为

`int a[10]={1,1,1,1,1,1,1,1,1,1};`

而不能写为

`int a[10]=1;`

③ 如给全部元素赋值，则在数组说明中，可以不给出数组元素的个数。例如：

`int a[5]={1,2,3,4,5};`

可写为

`int a[]={1,2,3,4,5};`

【知识点 5】一维数组的定义

一维数组的定义方式为：

类型说明符　数组名 [常量表达式];

其中"类型说明符"是任一种基本数据类型或构造数据类型；"数组名"是用户定义的数组标识符；方括号中的"常量表达式"表示数据元素的个数，又称数组的长度。

【知识点 6】二维数组的定义

二维数组定义的一般形式是：

类型说明符　数组名 [常量表达式 1][常量表达式 2];

其中，"常量表达式 1"表示第一维下标的长度，"常量表达式 2"表示第二维下标的长度。二维数组在概念上是二维的，即是说其下标在两个方向上变化，下标变量在数组中的位置也处于一个平面之中，而不是像一维数组只是一个向量。但是，实际的硬件存储器却是连续编址的，也就是说存储器单元是按一维线性排列的。如何在一维存储器中存放二维数组，

二维数组初始化也是在类型说明时给各下标变量赋以初值。二维数组可按行分段赋值，也可按行连续赋值。

【知识点 7】多维数组

多维数组元素有多个下标，以标识它在数组中的位置，所以又称多下标变量。多维数组可由二维数组类推而得到。多维数组可以看作数组的数组，如果将多维数组看作比较特殊的一维数组，那么数组的元素本身就是数组。在多维数组中，最多用到三维数组，三维以上的基本不会使用到。

【知识点 8】字符数组

用来存放字符量的数组称为字符数组。字符数组可以是二维或多维数组。字符数组也允许在定义时作初始化赋值。

字符数组的定义格式：

```
char  数组名[常量表达式]…;
```

例如：

```
char C[8],S[3][8];
```

字符数组可以定义字符二维/多维数组，也可以和 int 混用。

字符数组的初始化：

① char str[10]={'a','b','c','d'}，其余为'\0'。

② char str[]={'a','b','c','d'}相当于 str[4]。

字符数组的引用格式：

```
数组名  [常量表达式];
```

例如：

```
str[8],str[3][8];
```

【知识点 9】字符串的函数

C 语言中通常用一个字符数组来存放一个字符串。前面介绍字符串常量时，已说明字符串总是以'\0'作为串的结束符。因此，当把一个字符串存入一个数组时，也把结束符'\0'存入数组，并以此作为该字符串是否结束的标志。有了'\0'标志后，就不必再用字符数组的长度来判断字符串的长度了。最常用的字符串函数有：

- 字符串输出函数 puts()。
- 字符串连接函数 strcat()。
- 字符串复制函数 strcpy()。
- 字符串比较函数 strcmp()。
- 测字符串长度函数 strlen()。

【知识点 10】数组元素作为函数的参数

数组元素也可以作为函数实参，其用法与变量相同。数组元素作为函数实参时，由于实参可以是表达式形式，数组元素可以是表达式的组成部分，因此数组元素可以作为函数的实参，与用变量作实参一样，是单向传递，即"值传递"方式。

【知识点 11】数组名作为函数的参数

可以用数组名作为函数的参数，此时实参与形参都应用数组名（或指针变量）。

C 语言中的数组名有两种含义：一是来标识数组，二是代表数组的首地址，数组名的实质就是数组的首地址。因此数组名作为函数参数与数组元素作为函数的参数有本质的区别。用数组名作函数实参时，不是把数组的值传递给形参，而是把实参数组的起始地址传递给形参数组，是一种传址调用，这样两个数组就共占同一段内存单元。

6.2　习题参考解答

1. 选择题

（1）C　　　（2）D　　　（3）D　　　（4）A　　　（5）C　　　（6）C　　　（7）C　　　（8）D

（9）B　　　（10）C　　　（11）D　　　（12）D　　　（13）B　　　（14）C　　　（15）A　　　（16）D

（17）B　　　（18）B　　　（19）B　　　（20）B　　　（21）A　　　（22）D　　　（23）D　　　（24）B

（25）D （26）B （27）D （28）D （29）D （30）B （31）D （32）D
（33）A （34）D （35）C

2. 填空题

（1）1
（2）i%4==0
（3）j=i a[j]=min
（4）1 0 0 1 0
（5）-2 2 1
（6）4
（7）58
（8）strlen(str)/2 j-- str[j-1] str[j-1]=m;
（9）1 2 4 8 16 32 64 128 256

（10）$a=\begin{pmatrix} 2 & 2 & 0 \\ 0 & 0 & 2 \\ 2 & 2 & 2 \end{pmatrix}$

3. 编程题

（1）参考程序如下：

```
main()
{
    int i,j,a[100];
    for(i=2;i<100;i++)
    {
        a[i]=i;
        for(j=2;j<=i;j++)
        {
            if(j<i)
            if(a[i]%j==0)
                break;
            if(a[i]-j==0)
                printf("%5d",a[i]);
        }
    }
    printf("\n");
}
```
或
```
#include "math.h"
main()
{
    static int i,j,k,a[98];
    for(i=2;i<100;i++)
    {
        a[i]=i;k=sqrt(i);
```

```
            for(j=2;j<=a[i];j++)
                if(j<k) if(a[i]%j==0)
                    break;
            if(j>=k+1)
                printf("%5d",a[i]);
        }
    printf("\n");
}
```

（2）参考程序如下：

```
main()
{
    int i,j,a[10],t;
    for(i=0;i<10;i++)
        scanf("%d",&a[i]);
    for(j=1;j<10;j++)
        for(i=0;i<=9-j;i++)
            if(a[i]>a[i+1])
                {t=a[i+1];a[i+1]=a[i];a[i]=t;}
    for(i=0;i<10;i++)
        printf("%5d",a[i]);
}
```

或

```
main()
{
    static int a[10],i,j,k,t;
    for(i=1;i<11;i++)
        scanf("%d",&a[i]);
    for(j=1;j<10;j++)
        for(i=1;i<=10-j;j++)
            if (a[i]>a[i+1])
                {t=a[i+1];a[i+1]=a[i];a[i]=t;}
    for(i=1;i<11;i++)
        printf("%d",a[i]);
    printf("\n");
}
```

（3）参考程序如下：

```
main()
{
    int i=0,j=0,a[3][3],s1,s2;
    for(i=0;i<3;i++)
        for(j=0;j<3;j++)
            scanf("%d",&a[i][j]);
    s1=a[0][0]+a[1][1]+a[2][2];
```

```
        s2=a[0][2]+a[1][1]+a[2][0];
        printf("s1=%d,s2=%d\n",s1,s2);
}
```

或

```
main()
{
        static int i,j,s1,s2,a[3][3];
        for(i=1;i<=3;i++)
            for(j=1;j<=3;j++)
                scanf("%d",&a[i][j]);
        s1=a[1][1]+a[2][2]+a[3][3];
        s2=a[1][3]+a[2][2]+a[3][1];
        printf("%d,%d\n",s1,s2);
}
```

（4）参考程序如下：

```
main()
{
        static int a[10]={1,7,8,17,23,24,59,62,101};
        int i,j,t;
        scanf("%d",&a[9]);
        for(i=9;i>0;i--)
            if(a[i]<a[i-1])
            {t=a[i-1];a[i-1]=a[i];a[i]=t;}
        for(i=0;i<10;i++)
            printf("%5d",a[i]);printf("\n");
}
```

或

```
main()
{
        static int a[5]={1,4,5,6,7};
        int i,t,b;
        scanf("%d",&b);
        for(i=0;i<5;i++)
        {
            if(b<=a[i])
            {t=a[i];a[i]=b;b=t;}
            printf("%d ",a[i]);}
        printf("%d",b);
}
```

（5）参考程序如下：

```
main()
{
```

```
    int i,b[10];
    for(i=0;i<10;i++)
        scanf("%d",&b[i]);
    for(i=9;i>-1;i--)
        printf("%5d",b[i]);
    printf("\n");
}
```

（6）参考程序如下：

```
main()
{
    static int m,n,k,b[15][15];
    b[0][1]=1;
    for(m=1;m<15;m++)
    {
        for(n=1;n<=m;n++)
        {
            b[m][n]=b[m-1][n-1]+b[m-1][n];
            printf("%-5d",b[m][n]);}printf("\n");
        }
    }
}
```

（7）参考程序如下：

```
#include <stdio.h>
main()
{
    int a[16][16],i,i,k,p,m,n;
     p=1;
        while(p==1)                    /*要求阶数为 1~15 的商数*/
        {
            printf("Enter n(n=1~15): ");
            scanf("%d",&n);
            if((n!=0)&&(n<=15)&&(n%2!=0))  p=0;
        }
    for(i=1;i<=n;i++)                  /*初始化*/
            for(j=1;j<=n;j++)  a[i][j]=0;
    j=n/2+1;                           /*建立魔方阵*/
    a[1][j]=1;
    for(k=2;k<=n*n;k++)
    {
        i=i-1;
        j=j+1;
        if((i<1)&&(j>n))
        {
```

```
            i=i+2;
            j=j-1;
        }
        else
        {
            if(i<1)  i=n;
            if(j>n)  j=1;
        }
        if(a[i][j]==0)  a[i][j]=k;
        else
        {
            i=i+2;
            j=j-1;
            a[i][j]=k;
        }
    }
    for(i=1;i<=n;i++)                        /*输出魔方阵*/
    {
        for(j=1;j<=n;j++)
            printf("%4d",a[i][j]);
        printf("\n");
    }
}
```

（8）参考程序如下：

```
main()
{
    int a[5][5],b[5],c[5],d[5][5],k=0,l=0;
    int i,j;
    for(i=0;i<5;i++)
        for(j=0;j<5;j++)
            scanf("%d",&d[i][j]);
    for(i=0;i<5;i++)
        for(j=0;j<5;j++,a[i][j]=d[i][j]);
            for(i=0,k=0;i<5;i++,k++)
                for(j=0;j<4;j++)
                {
                    if(a[i][j]>=a[i][j+1])
                        b[k]=a[i][j+1]=a[i][j];
                    else
                        b[k]=a[i][j+1];
                }
        for(j=0,l=0;j<5;j++,l++)
            for(i=0;i<4;i++)
```

```
        {
            if(a[i][j]<=a[i+1][j])
                c[l]=a[i+1][j]=a[i][j];
            else
                c[l]=a[i+1][j];
        }
    for(i=0,k=0;i<5;i++,k++)
        for(j=0,l=0;j<5;j++,l++)
    if(d[i][j]-b[k]==0)
    {
        if(d[i][j]-c[l]==0)
            printf("d[%d][%d]=%d\n",i,j,d[i][j]);
        else
            printf("d[%d][%d]=%d isnot andi\n",i,j,d[i][j]);
    }
}
```

（9）参考程序如下：

```
#include "math.h"
main()
{
    int j,low,high,mid,m;
    int a[15]={1,4,9,13,21,34,55,89,144,233,377,570,671,703,812};
    scanf("%d",&m);
    for(j=0;j<15;j++)
        printf("%4d",a[j]);
    printf("\n");
    low=0;
    high=14;
    while(low<=high)
    {
        mid=(low+high)/2;
        if(m>a[mid])
            low=mid+1;
        else if(m<a[mid])
            high=mid-1;
        else
        {
            printf("it is at %d.",mid+1); break;
        }
    }
    if(low>high)
        printf("There is not\n");
}
```

（10）参考程序如下：

```
main()
{
    int i,j=0,k=0,l=0,m=0,n=0;
    char str0[301],str1[100],str2[100],str3[100];
    gets(str1);gets(str2);gets(str3);
    strcat(str0,str1);strcat(str0,str2);strcat(str0,str3);
    for(i=0;str0[i]!=' \0' ;i++)
    {
        if(str0[i]>=65&&str0[i]<=90) j++;
        else if(str0[i]>=97&&str0[i]<=122) k++;
        else if(str0[i]>=48&&str0[i]<=57) l++;
        else if(str0[i]==32) m++;
        else n++;
    }
    printf("Daxie Xiaoxie Shuzi Kongge Qita\n");
    printf("%5d %7d %5d %6d %4d\n",j,k,l,m,n);
}
```

（11）参考程序如下：

```
main()
{
    int i,j,k;char a[5][5];
    for(i=0;i<5;i++)
    {
        for(j=0;j<5;j++)
        {a[i][j]='*';printf("%c",a[i][j]);}
        printf("\n");
        for(k=1;k<=i+1;k++)
        printf("\40");}
    printf("\n");
}
```

（12）参考程序如下：

```
main()
{
    int i;
    char str1[100],str2[100];
    gets(str1);
    for(i=0;str1[i]!='\0';i++)
        if(str1[i]>=65&&str1[i]<=90)
            str2[i]=155-str1[i];
        else if(str1[i]>=97&&str1[i]<=122)
            str2[i]=219-str1[i];
        else
```

```
            str2[i]=str1[i];
        printf("%s\n%s\n",str1,str2);
    }
```

（13）参考程序如下：

```
main()
{
    int i,j;
    char str1[100],str2[100],str3[201];
    gets(str1);
    gets(str2);
    for(i=0;str1[i]!=' \0' ;i++)
        str3[i]=str1[i];
    for(j=0;str2[j]!=' \0' ;j++)
        str3[j+i]=str2[j];
    printf("%s\n%s\n%s\n",str1,str2,str3);
}
```

（14）参考程序如下：

```
#include <stdio.h>
#include <string.h>
main()
{
    int i,resu;
    char s1[100],s2[100];
    printf("\n input string1: ");
    gets(s1);
    printf("\n Input string2: ");
    gets(s2);
    i=0;
    while(s1[i]==s2[i]&&s1[i]!='\0')  i++;
    if(s1[i]=='\0'&&s2[i]=='0')  resu=0;
    else  resu=s1[i]-s2[i];
    printf("\n result: %d\n",resu);
}
```

（15）参考程序如下：

```
#include <stdio.h>
main()
{
    char s1[80],s2[80];
    int i;
    printf("Input s2: ");
    scanf("%s",s2);
    for(i=0;i<strlen(s2);i++)
```

```
        s1[i]=s2[i];
    printf("s1: %s\n",s1);
}
```

6.3　典型案例精解

【**案例** 6.1】以下合法的数组定义是（　　　）。

A. int a[]="string";

B. int a[5]={0，1，2，，3，，4，5};

C. char a="string";

D. char a[]={0，1，2，3，4，5};

【**答案**】D

【**解释**】选项 A 错误的原因是：它定义的是一个字符串，并且在定义字符串时使用的是 int 型，所以排除。选项 B 中的数组中包含了 6 个字符，而其定义的大小为 5，发生越界，不合法。选项 C 中定义字符串时没有定义其大小，不符合数组定义的格式。所以选择 D。

【**案例** 6.2】以下不能正确进行字符串赋初值的语句是（　　　）。

A. char str[5]="good!";

B. char str[]="good!";

C. char *str="good!";

D. char str[5]={'g','o','o','d','\0'};

【**答案**】A

【**解释**】字符串在进行初始化过程中，系统会自动在字符数组中的有效字符后面加上结束标志符 "\0"，所以在计算字符串含有多少字符时，需把它计算在内。在答案 A 中，在 good!后面还要加上一个结束标志符 "\0"，所以真正在内存中所占用的空间不是 5，如将答案 A 改写成 char str[6]="good!";，那么答案 A 也是正确的。在选项 B 和 D 中，利用前面的知识便可知是对的，选项 C 涉及指针问题，将在后面章节详细介绍。所以选择 A。

【**案例** 6.3】下列的程序中有错误的是（　　　）。

```
#include <math.h>
main()
{
    float a[3]={0,0};
    int i;
    for(i=0;i<3;i++)    scanf("%d",&a[i]);
    for(i=1;i<3;i++)    a[0]=a[0]+a[i];
    printf("%f\n",a[0]);
}
```

A. 没有　　　　　　B. 第 4 行　　　　　　C. 第 6 行　　　　　　D. 第 8 行

【**答案**】A

【**解释**】本例所涉及的是 C 语言中数组的初始化问题。关于数组的初始化的特殊性是：如果不对数组进行初始化，那么数组中所有的元素的值都是随机的；如果仅对部分元素初始化，则系统自动将其他元素赋以 0 值。因此程序中第 4 行语句的作用等同于语句 floata[3]={0, 0, 0};，这一行是正确的。第 6 行语句中的数组元素以整型的形式输入，系统会自动进行转换，输入元素的数目也没有超出上限，因此也无错误。第 8 行也是正确的输出语句。所以本程序体并无任何错误。所以选择 A。

一维数组的初始化可以预先定义数组的大小，如果赋予的字符个数不足，系统将会自动以 0 补充。在初始化的过程中，也可以通过赋初值来定义数组的大小，就是说这时的数组说明符内的一对括号中可以不指定数组的大小。例如：

```
int a[]={0,0,0,0,0};
```
以上的语句等价于下面的语句：

```
int a[5]={0};
```

【案例 6.4】下列程序的输出结果是（　　　）。

```
main()
{
    int a[4][4]={
        {1,3,5},
        {2,4,6},
        {3,5,7}
    };
    printf("%d%d%d%d\n",a[0][3],a[1][2],a[2][1],a[3][0]);
}
```

A. 0650　　　　　　　B. 1470　　　　　　　C. 5430　　　　　　　D. 输出值不定

【答案】A

【解释】数组初始化时，数组的下标都是从 0 开始的。需要输出的第一个元素为 a[0][3]，即为第 1 行的第 4 个数，因为在数组初始化时并没有给 a[0][3]赋予初值，系统自动给其赋予 0 值，可知第一个输出的元素为 0，这样便可判断出正确答案，或可将相关的不正确的答案排除。在本例中，可以将题中所应输出的元素全部列出，如题中需要输出的第二个元素为 a[1][2]，即为第 2 行的第 3 个数，相对应的应该是 6。依此类推，可以得出第三个元素为 5，第四个元素为 0，这样便可选出正确答案。所以选择 A。

【案例 6.5】有下列程序：

```
#include <stdio.h>
#define N 6
main()
{
    char c[N];
    int i=0;
    for(;i<N;c[i]=getchar(),i++);
    for(i=0;i<N;putchar(c[i]),i++);
}
```

输入以下 3 行，每行输入都是在第一列开始，↙代表一个回车符：

```
a↙
b↙
cdef↙
```

则程序的输出结果是（   ）。

A. abcdef	B. a	C. a	D. a
	b	b	b
	c	cd	cdef
	d		
	e		
	f		

【答案】C

【解释】由 getchar()函数特性可以知道，本题程序中的 for 语句循环 6 次，依次接收的字符为 'a'、'\n'、'b'、'\n'、'c'、'd'。所以选择 C。

简单的 for 循环。输入/输出函数为 getchar()、putchar()两个函数。getchar()函数的特性是此函数在输入回车后即读入一个字符，但不取走按回车键所产生的换行符'\n'。若再有接收字符的语句，'\n'也会作为一个字符被接收，这正是本例解答关键所在。

【案例 6.6】下列程序段的输出结果是（   ）。

```
#include <stdio.h>
main()
{
    char s1[10],s2[10],s3[10],s4[10];
    scanf("%s%s",s1,s2);
    gets(s3);
    gets(s4);
    puts(s1);
    puts(s2);
    puts(s3);
    puts(s4);
}
```

输入数据如下：（↙代表一个回车符）

```
aaaa bbbb↙
cccc dddd↙
```

A. aaaa	B. aaaa	C. aaaa	D. aaaa bbbb
bbbb	bbbb	bbbb	cccc
	cccc	cccc	dddd ddd
cccc dddd	ddd	eeee	

【答案】A

【解释】关键在于 scanf()函数与 gets()函数的区别。

系统在读入上面的数据时，分别用到了 scanf()函数与 gets()函数，在此过程中，将 aaaa 赋给了一维数组 s1；将 bbbb 赋给了 s2，因为中间夹着一个空格，这是 scanf()函数读入字符串时的特性。之后调用 gets()函数，便遇到了"↙"，使 s3 无任何内容，系统自动用"\0"代替；后来程序又将 cccc dddd 赋给了 s4，所以当系统输出的时候，将会得到如答案 A 所示的情况。在解本题的时候还应该注意一点，就是数组的赋值问题，如果答案 C 中的 eeee 一行换成一个空行，很可能会选择答案 C，这是一个重点，要注意。

在 scanf()函数中使用格式说明%s 可以实现字符串的整体输入，字符串中的空格和回车符都将作为输入数据的分隔符而不能被读入。

在使用 gets()函数时，它从终端读入字符串（包括空格符），直到读入一个换行符为止。换行符读入后，不作为字符串的内容，系统将自动用"\0"代替。

【案例 6.7】下列程序的输出结果是（　　　）。

```c
#include <stdio.h>
#include <string.h>
main()
{
    char w[][10]={"ABCD","EFGH","IJKL","MNOP"},k;
    for(k=1;k<3;k++)
        printf("%s\n",&w[k][k]);
}
```

A. ABCD　　　　B. ABCD　　　　C. EFG　　　　D. FGH
　　FGH　　　　　　EFG　　　　　　JK　　　　　　KL
　　KL　　　　　　　IJ　　　　　　　O
　　M

【答案】D

【解释】在本例中使用 printf()函数来输出字符串，下面知识点分析有详细的解释。在使用格式说明符%s 实现字符串的整体输出时，printf()函数将从函数中相关给出的地址开始输出，直到遇到第一个"\0"为止。再回过头来看本题，当 k=1 时，从 w[1][1]，即数组的第二行第二列开始输出一个字符串，遇到第一个"\0"为止，得到 FGH；当 k=2 时，得到 KL。根据循环可知，此循环只输出了这两个字符串。

简单的 for 循环字符串的输出，在 printf()函数中使用格式说明符%s 可以实现字符串的整体输出，函数的调用形式为：

```c
printf("%s",str_adr);
```

此处 str_adr 是一个地址值。调用 printf()函数时，将从这一地址开始，依次输出存储单元中的字符，直到遇到第一个"\0"为止。"\0"为结束标志符，不在输出字符之列。

字符串数组的初始化。字符串数组就是数组中的每个元素都是一个存放字符串的数组。前面已经介绍过，一个二维数组可以看作一个一维数组，这个一维数组中的每一个元素又是一个一维数组。从这一概念出发，可以将一个二维字符数组视为一个字符串数组。

【案例 6.8】下列程序中的输出结果是（　　　）。

```c
main()
{
    int i,k,a[10],p[3];
```

```
    k=5;
    for(i=0;i<10;i++) a[i]=i;
    for(i=0;i<3;i++) p[i]=a[i*(i+1)];
    for(i=0;i<3;i++) k+=p[i]*2;
    printf("%d\n",k);
}
```

A. 20　　　　　　　　B. 21　　　　　　　　C. 22　　　　　　　　D. 23

【答案】B

【解释】在处理此类题目要仔细，按部就班地来。下面分析一下程序，第一个循环是给数组赋初值，使用第二个循环可以求出数组 p 的各个元素的值，可得 p[0]=a[0]=0；p[1]=a[2]=2；p[2]=a[6]=6；再通过第三个循环，我便可以求出 k 的值；最后的循环相当于 k=k+2*p[0]+2*p[1]+2*p[2]=5+0+4+12=21。因此选择 B。

【案例 6.9】函数调用 strcat(strcpy(str1,str2),str3)的功能是（　　　）。

A. 将串 str1 复制到串 str2 中后再连接到串 str3 之后

B. 将串 str1 连接到串 str2 中后再复制到串 str3 之后

C. 将串 str2 复制到串 str1 中后再将串 str3 连接到串 str1 之后

D. 将串 str2 复制到串 str1 中后再将串 str1 连接到串 str3 之后

【答案】C

【解释】在了解函数作用的同时，还要注意运算优先级问题。在本例中，先执行函数 strcpy(str1,str2)，即先将串 str2 复制到串 str1 中，这时字符串 str1 中所包含的字符串不再是原来的字符串，而是字符串 str2，即执行完 strcpy(str1,str2)所返回的最后结果是字符串 str1；之后再执行的对象是 strcat(strcpy(str1,str2),str3)，相当于 strcat(str1,str3)，即将串 str3 连接到串 str1 之后。所以选择 C。做此类题之前，应先看清所涉及的函数，并且清楚相关的执行优先级。

【案例 6.10】下列程序的输出结果是（　　　）。

```c
#include <stdio.h>
main()
{
    char str[]="SSSWILTECH1\1\11W\1WALLMP1";
    int k;
    char c;
    for(k=2;(c=str[k])!='\0';k++)
    {
        switch(c)
        {
            case 'A': putchar('a');
            continue;
            case '1': break;
            case 1: while((c=str[++k])!='\1'&&c!='\0');
            case 9: putchar('#');
            case 'E':
```

```
            case 'L': continue;
            default:  putchar(c);
            continue;
        }
        putchar('*');
    }
    printf("\n");
}
```

A. SWITCH*#WaMP*　　　　　　　　B. SWITCH*##W#WaMP*

C. SWITCH*#W#aMP*　　　　　　　　D. SSWITCH*#WaMP*

【答案】A

【解释】本例涉及字符串操作和 switch 结构及 for 循环结构的问题，必须先仔细阅读程序。首先应当注意到一些细节问题：k 是从 2 开始的，即串 str 的第三个字符'S'开始；整个循环逐个处理 str 串的字符，不包括结束符；switch 中的"case1"对应处理串中的"\1"；switch 中的"case 9"对应处理串中的"\11"（此为八进制转义字符）。对于 switch 中的处理流程，则需理解和注意下述问题（按程序先后顺序说明）：

① 字符'A'转换成'a'输出。

② 字符'1'因 break 语句而跳出 switch 结构，执行 putchar('*')语句，即'1'转换成'*'输出。

③ 字符'\1'导致一个循环，含义是逐个判定后续字符，直到下一个'\1'为止。因无跳转语句，继续执行 putchar('#')语句，可见，两个'\1'之间的内容（"\11W"）将转换输出一个'#'。

④ 字符'9'转换成'#'输出，但本例中的'\11'因夹在两个'\1'之间而被跳过，故此项无用。

⑤ 字符'E'和'L'不处理（二者共用一个 continue 语句，开始下一次循环）。

⑥ 除以上字符外，原样输出。

上述字符处理后，都继续处理下一字符。

因此，字符串 str 的转换输出如下：

SSS	W	I	L	T	E	C	H	1	\1\11W\1	W	A	LL	M	P	1
↓	↓	↓	×	↓	×	↓	↓	↓	↓	↓	↓	×	↓	↓	↓
S	W	I		T		C	H	*	#	W	a		M	P	*

所以选择 A。

【案例 6.11】设字符数组 a 中的字符已按其 ASCII 码递增排序，从键盘输入一个字符，用折半查找法找出该字符在 a 中的位置，若该字符不在 a 中，则打印出**。

【解释】设 3 个变量 top、mid、bot 分别指向长度为 N 且已排序的字符数组 a 的头、中间和尾的位置。折半查找法的算法原理：先检索当中的一个数据，看它是否为所需的数据，若不是，则判断要找的数据是在中间数据的哪一边，下次就在这个范围内查找，重复此过程直至找到或 top 大于 bot 为止。

折半查找算法流程图如图 6-1 所示。

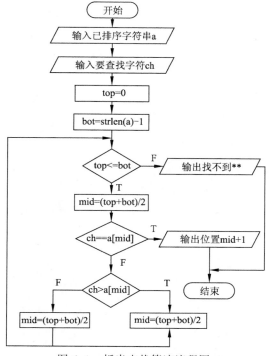

图 6-1　折半查找算法流程图

【答案】

参考程序如下：

```c
#include <stdio.h>
#include <string.h>
void main()
{
    char a[20],ch;
    int top,mid,bot;
    printf("输入一个已排序的字符串: ");
    gets(a);
    printf("输入一待查找的字符串: ");
    scanf("%c",&ch);
    for(top=0,bot=strlen(a)-1;top<=bot;)
    {
        mid=(top+bot)/2;
        if(ch==a[mid])
        {
            printf("%c 的位置是 %d\n",ch,mid+1);
            break;
        }
        else
            if(ch>a[mid])
                top=mid+1;
        else
```

```
                bot=mid-1;
            }
        if(top>bot)
            printf("**\n");
    }
```

运行结果如下：

输入一个已排序的字符串：abcijklmnxyz

输入一待查找的字符：l

l 的位置是：7

【案例 6.12】现将不超过 2000 的所有素数从小到大排列成第一行，第二行上的每个数都等于它的"右肩"上素数与"左肩"上素数之差。试编程求出：第二行数中是否存在这样的若干连续的整数，它们的和恰好是 1898？假如存在的话，又有几种这样的情况？

第一行	2	3	5	7	…	1979	1987	1993
第二行	1	2	2	…	8	6		

【解释】算法流程图如图 6-2 所示。

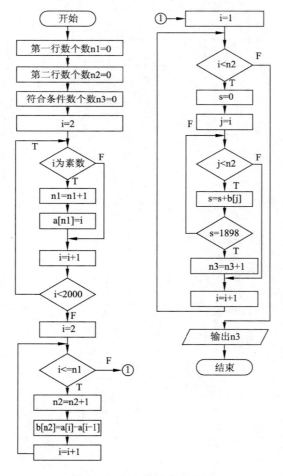

图 6-2　求素数算法流程图

【答案】

参考程序如下：

```c
#include <stdio.h>
int prime(int n)
{
    int i,k;
    for(i=2;i<=n/2;i++)
        if(n%i==0) break;
    if(i>=n/2)
        k=1;
    else
        k=0;
    return k;
}
void main()
{
    int a[2000],b[1000],n1,n2,n3,i,j,s;
    n1=n2=n3=0;
    for(i=2;i<2000;i++)
        if(prime(i))
        {
            a[n1++]=i;
        }
        for(i=1;i<n1;i++)
        {
            b[n2]=a[i]-a[i-1];
            n2++;
        }
        for(i=0;i<n2;i++)
        {
            s=0;
            for(j=i;j<=n2;j++)
            {
                s=s+b[j];
                if(s==1898)
                {
                    n3++;
                    break;
                }
            }
        }
}
```

```
        printf("fu he yao qiu ge shu=%d\n",n3);
}
```

运行结果如下：

```
fu he yao qiu ge shu=4
```

【案例 6.13】输入一个长整型的十进制数，将其转换成十六进制数，并输出。

【解释】长整型的十进制在内存占 4 个字节，转换成十六进制后最多占 8 位，故可以用一个一维字符数组存放，该数组大小最大为 8。另外，在转换过程中，要将余数转换成字符型。数字 0～9 转换成字符'0'～'9'，规则为加上数字 48，数字 10～15 转换成字符'A'～'F'，规则为加上数字 55。另外还要考虑得到的十六进制不足 8 位的处理。

算法流程图如图 6-3 所示。

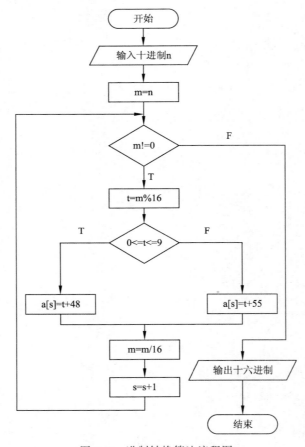

图 6-3   进制转换算法流程图

【答案】

参考程序如下：

```
#include <stdio.h>
void main()
{
    char a[8];
```

```
long n,m;
int t,s=0;
printf("输入一个长整型的十进制数: ");
scanf("%ld",&n);
m=n;
while(m)
{
    t=m%16;
    if(t>=0&&t<=9)
      a[s]=t+48;
    else
      a[s]=t+55;
    m=m/16;
    s++;
}
printf("%ld 的十六进制为",n);
for(t=s-1;t>=0;t--)
  printf("%c",a[t]);
printf("\n");
}
```

运行结果如下：

输入一个长整型的十进制数: 12345678

12345678 的十六进制为 BC614E

6.4　实验操作题

【实验一】数组的应用（一）

1. 实验目的

① 熟悉数组的概念和使用方法。

② 掌握数组初始化的方法。

③ 掌握怎样定义和使用二维数组。

④ 掌握怎样用循环进行二维数组中值的计算。

⑤ 掌握使用循环依次输出二维数组中的元素（注意换行）；用 if 语句根据条件判断某个字符是否是大写字母。

2. 实验内容

（1）实验程序 1

写一个函数，对输入的 10 个整数按从小到大的顺序排序（升序，用冒泡排序实现）。

- 定义一个维整型数组，其大小为 10，即它能存放 10 个数据；
- 使用循环语句，依次从键盘输入 10 个整数存放在数组中；
- 编写排序函数 sort1()；

● 使用循环语句，将排好序的 10 个数依次输出。

编程提示：

① 利用循环语句输入/输出 10 个整数，用数组元素的下标来表示不同的数组元素。

② 对于数组元素的下标，重要的是它的值而不是它的名，如当 i=j=3 时，a[i]和 a[j]表示同一变量。

③ 排序函数是无返回值的，所以它的类型是 void 型。对于无值类型的函数，调用时写成调用语句的形式。

④ 数组名是数组存储的首地址，所以可以把数组名看作地址量。在调用排序函数时，实参就直接写上数组名 a。

⑤ 在该程序中，实参是数组，形参也是数组。实际上实参数组和形参数组占用同一内存区。在排序函数中对形参的排序，也就是对实参数组的排序。

⑥ 排序要用到双重循环。外循环用于确定数组中的某个数组元素（a[3]），内循环则要将 a[4]～a[9]与 a[3]进行比较。

⑦ 因为要求升序排序，所以 if 语句中的条件是：若位于前面的数大于位于后面的数，就进行交换。

⑧ 需要利用一个中间变量完成交换。

算法流程图如图 6-4 所示。

参考程序如下：

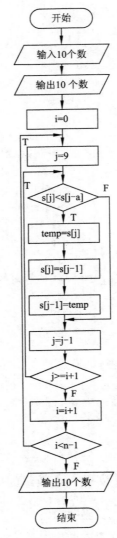

图 6-4　冒泡排序的算法流程图

```c
#include <stdio.h>
void sort1(int s[],int n)
{
    int i,j;
    int temp;              /*定义中间（临时）变量*/
    for(i=0;i<n-1;i++)     /*用于排序的外循环 for 语句 i*/
    for(j=9;j>=i+1;j--)    /*用于排序的内循环 for 语句 j*/
    if(s[j]<s[j-1])
    {
        temp=s[j];         /*利用中间变量，完成两数组元素的交换*/
        s[j]=s[j-1];
        s[j-1]=temp;
    }
}
void main()
{
    int i,a[10];
    printf("请输入 10 个整数:");  /*提示请输入 10 个整数*/
```

```
     for(i=0;i<10;i++)
         scanf("%d",&a[i]);              /*依次输入 10 个整数*/
         sort1(a,10);                     /*调用排序函数*/
         printf("输出排序后的 10 个整数: ");  /*提示输出排序后的 10 个整数*/
         for(i=0;i<10;i++)                /*for 循环语句*/
             printf("%d ",a[i]);
 }
```

（2）实验程序 2

编写一个函数，对输入的 10 个整数按从小到大的顺序排序（升序，用选择排序实现）。仅需修改排序函数，算法流程图如图 6-5 所示。

参考程序如下：

```
void sort2(int s[],int n)
{
    int i,j,k;
    int temp;                      /*定义中间（临时）变量*/
    for(i=0;i<n-1;i++)             /*用于排序的外循环 for 语句*/
    {
        k=i;                       /*用于临时变量 k 记下最小数的位置*/
        for(j=i+1;j<n;j++)         /*用于排序的内循环 for 语句*/
            if(s[k]<s[j])
            if(k!=i)
            {
                /*利用中间变量, 完成两数组元素的交换*/
                temp=s[k];
                s[k]=s[i];
                s[i]=temp;
            }
    }
}
void main()
{
    int i,a[10];
    printf("请输入 10 个整数: ");           /*提示请输入 10 个整数*/
    for(i=0;i<10;i++)
        scanf("%d",&a[i]);               /*依次输入 10 个整数*/
        sort2(a,10);                      /*调用排序函数*/
        printf("输出排序后的 10 个整数: ");  /*提示输出排序后的 10 个整数*/
        for(i=0;i<10;i++)                /*for 循环语句*/
            printf("%d ",a[i]);
}
```

（3）实验程序 3

编写程序，从键盘输入行数，输出指定行数的杨辉三角形。

算法流程图如图 6-6 所示。

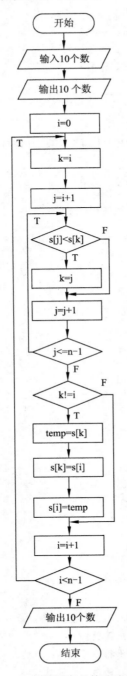

图 6-5 选择排序的算法流程图

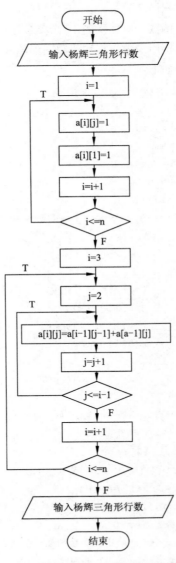

图 6-6 输出杨辉三角形的算法流程图

参考程序如下：

```c
#include <stdio.h>
void main()
```

```
{
    int a[50][50],i,j,n;
    printf("请输入杨辉三角形的行数: ");    /*提示请输入杨辉三角形行数*/
    scanf("%d",&n);                      /*用 scanf()函数输入杨辉三角形行数*/
    for(i=1;i<=n;i++)
    {a[i][i]=1;a[i][1]=1;}
    for(i=3;i<=n;i++)
    for(j=2;j<=i-1;j++)
        a[i][j]=a[i-1][j-1]+a[i-1][j];    /*每个数是上面两数之和*/
    for(i=1;i<=n;i++)                      /*输出杨辉三角形*/
    {
        for(j=1;j<=i;j++) printf("%5d",a[i][j]);
        printf("\n");
    }
}
```

示例输出：

请输入杨辉三角形的行数: 8

```
1
1   1
1   2   1
1   3   3   1
1   4   6   4   1
1   5  10  10   5   1
1   6  15  20  15  6   1
1   7  21  35  35  21  7   1
```

【实验二】数组的应用（二）

1. 实验目的

① 掌握数组的概念和使用方法。

② 掌握数组初始化的方法。

③ 对字符串这种数据结构的理解，增强程序设计能力。

2. 实验内容

（1）实验程序 1

编写程序，从键盘输入一个字符串，判断其是否是回文数。回文数是从左至右或从右至左读起来都是一样的字符串。

- 用 scanf()函数，从键盘输入一个字符串存入字符数组中；
- 求出该字符串的长度；
- 用 for 循环依次比较，循环的终值为长度的一半；
- 设置一个标志符 ch，初值'Y'，若某字符对不相等，将其设置为'N'；
- 根据 ch 是'Y'还是'N'，输出该字符串是否是回文数。

编程提示：

① 只要进行字符串长度的一半（len/2）次循环就可以了。如果字符串中含有偶数个字符，最中间的字符就不必进行比较了。

② 依次比较该字符串中第一个字符与最后一个字符是否相等，第二个字符与倒数第二个字符是否相等……其算法为：str[i]与 str[len−1−i]进行比较。

③ 若某字符对不等，则该字符串不是回文数，如果所有的字符对都相等，则该字符串是回文数。

④ 当某字符对不相等，则该字符串不是回文数，就没有必要再进行比较了，使用 break 语句直接退出循环。

⑤ 标志位可以设置为字符，也可以设为数字，只是作为一种判断标志。

算法流程图如图 6-7 所示。

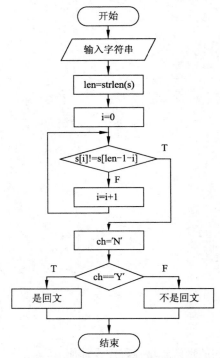

图 6-7　判断回文数的算法流程图

参考程序如下：

```c
#include <stdio.h>
#include <string.h>
#define N 40
void main()
{
    char str[N],ch='Y';
    int i;
    int len;
    printf("input a string :");  /*提示信息请输入一字符串:*/
```

```
    scanf("%s",str);                /*用 scanf()函数输入一个字符串*/
    len=strlen(str);                /*求字符串的长度*/
    for(i=0;i<=len/2;i++)           /*for 循环语句的头部，终值为 len/2*/
        if(str[i]!=str[len-1-i])
        {
            ch='N';         /*将标志 ch 设置为'N'*/
            break;          /*退出循环*/
        }
        if(ch=='Y')         /*if 语句，当标志 ch 为'Y'时*/
            printf("%s 是回文\n",str);
            else printf("不是回文\n");    /*输出该字符串不是回文*/
}
```

输入/输出示例:

请输入一字符串: abcdedcba

abcdedcba 是回文

（2）实验程序 2

某班有 n 名学生，要求按他们姓名的顺序排列（按汉语拼音的字母顺序从小到大），并按序输出。

参考程序如下:

```
#include <stdio.h>
void strup(char str[])
{
    int i;
    for(i=0;str[i]!='\o';i++)
        if(str[i]>='a'&&str[i]<='z')
            str[i]=str[i]+'A'-'a';
}
main()
{
    char str[20];
    char name[20][20];
    int i,j,t,n,k;
    printf("Please input name number of sorting: \n");
    scanf("%d",&n);
    printf("Please input name :\n");
    for(i=0;i<n;i++)
    {
        scanf("%s",name[i]);
        strup(name[i]);
    }
    for(i=0;i<n;i++)
    {
```

```
        for(j=i+1;j<n;j++)
        {
            for(k=0;;k++)
                if(name[i][k]<name[j][k])
                    break;
                else
                    if(name[i][k]>name[j][k])
                    {
                        strcpy(str,name[j]);
                        strcpy(name[j],name[i]);
                        strcpy(name[i],str);
                        break;
                    }
        }
    }
    printf("\nAfter sorting : \n");
    for(i=0;i<n;i++)
        printf("%s\n",name[i]);
    getch();
}
```

6.5 附 加 习 题

一、选择题

1. 下面的程序中（　　　）错误（每行程序前面的数字是行号）。

```
1 #include <stdio.h>
2 main()
3 {  float s[5];
4    int i,sz=0;
5    for(i=0;i<5;i++)
6      scanf("%d",s+i);
7    for(i=0;i<5;i++)
8      sz+=s[i];
9    printf("\n%f",(float)sz);
10 }
```

A. 没有   B. 第 4 行

C. 第 6 行   D. 第 9 行

2. 给出以下定义：

```
char x[]="abcdfeg";
char y[]={'a','b','c','d','e','f','g'};
```

则正确的叙述为（　　　）。

A. 数组 x 和数组 y 等价   B. 数组 x 和数组 y 长度相同

C.　数组 x 的长度大于数组 y 的长度　　　　　D.　数组 x 的长度小于数组 y 的长度

3.　下列合法的数组定义是（　　　）。

A.　int a[]= "string";

B.　int a[5]={0,1,2,3,4,5};

C.　char a= "string";

D.　char a[]={0,1,2,3,4,5};

4.　下列程序段给数组所有的元素输入数据，应填入的正确语句是（　　　）。

```
#include <stdio.h>
main()
{
    int a[10],i=0;
    while(i<10)
    scanf("%d",_____);
}
```

A.　a+(i++)　　　　　　B.　&a[i+1]　　　　　　C.　a+i　　　　　　D.　&a[i++]

5.　设有 "static char str[]="Beijing";"，则执行 "printf("%d\n",strlen(strcpy(str,"China")));" 后的输出结果为（　　　）。

A.　5　　　　　　　B.　7　　　　　　C.　12　　　　　　D.　14

6.　有如下程序：

```
#include <stdio.h>
main()
{
    int n[2],i,j,k;
    for(i=0;i<2;i++)
    n[i]=0;
    k=2;
    for(i=0;i<k;i++)
        for(j=0;j<k;j++)
            n[j]=n[i]+1;
    printf("%d\n",n[k]);
}
```

上面程序的输出结果是（　　　）。

A.　不确定的值　　　　B.　3　　　　　　C.　2　　　　　　D.　1

7.　定义以下变量和数组：

```
int i;
int x[3][3]={1,2,3,4,5,6,7,8,9};
```

则以下语句的输出结果是（　　　）。

```
for(i=0;i<3;i++)
printf("%d ",x[i][2-i]);
```

A.　1 5 9　　　　　　B.　1 4 7　　　　　　C.　3 5 7　　　　　　D.　3 6 9

8.　不能把字符串"Hello!"赋给数组 b 的语句是（　　　）。

A.   char b[10]={'H','e','l','l','o','!'};

B.   char b[10];b="Hello!";

C.   char b[10];strcpy(b,"Hello!");

D.   char b[10]="Hello!";

9. 若有以下说明：

```
int a[12]={1,2,3,4,5,6,7,8,9,10,11,12};
char c='a',d,g;
```

则数值为 4 的表达式是（   ）。

A. a[g-c]　　　　　　B. a[4]　　　　　　C. a['d'-'c']　　　　　　D. a['d'-c]

10. 当执行下列程序且输入 ABC 时，输出的结果是（   ）。

```
#include <stdio.h>
#include <string.h>
main()
{
    char ss[10]="12345";
    strcat(ss,"6789");
    gets(ss);
    printf("%s\n",ss);
}
```

A. ABC　　　　　　B. ABC9　　　　　　C. 123456ABC　　　　　　D. ABC456789

11. 下列语句的输出结果是（   ）。

```
printf("%d\n",strlen("\t\"\065\xff\n"));
```

A. 5

B. 14

C. 8

D. 输出项不合法，无正常输出

12. 若有以下定义和语句：

```
char s[10];
s="abcd";
```

执行以下语句：

```
printf("%s\n",s);
```

则输出的结果是（   ）。

A. 输出 abcd　　　　　　B. 输出 a　　　　　　C. 输出 abcd　　　　　　D. 编译不通过

13. 下列程序输出的结果是（   ）。

```
#include <stdio.h>
main()
{
    char s[]="-12345";
    int k=0,sign,m;
    if(s[k]=='+'||s[k]=='-')
        sign=s[k++]=='+'?1:-1;
    for(m=0;s[k]>='0'&&s[k]<='9';k++)
        m=m*10+s[k]-'0';
```

```
    printf("Result=%d",sign*m);
}
```

A. Result=−12345

B. Result=12345

C. Result=−10000

D. Result=10000

14. 下列程序输出的结果是（　　）。

```
#include <stdio.h>
main()
{
    char ch[7]={"65ab21"};
    int i,s=0;
    for(i=0;ch[i]>='0'&&ch[i]<='9';i+=2)
    s=10*s+ch[i]-'0';
    printf("%d\n",s);
}
```

A. 12ba56

B. 6521

C. 6

D. 62

15. 以下函数引用中，（　　）是含有错误的。其中 s 的定义如下：

`char s[10];`

A. scanf("%10s",s);

B. printf("%.5s",s);

C. puts(s+3);

D. gets(s);

16. 定义以下数组 s：

`char s[40];`

若准备将字符串"This□is□a□string."记录下来，则（　　）是错误的输入语句。

A. gets(s+2);

B. scanf("%20s",s);

C. for(i=0;i<17;i++)
    s[i]=getchar();

D. while((c=getchar())!='\n')
    s[i++]=c;

17. 下列程序的输出结果是（　　）。

```
#include <stdio.h>
main()
{
  int y=18,i=0,j,a[8];
  do
  {
    a[i]=y%2;i++;
    y=y/2;
  }
  while(y>=1);
  for(j=i-1;j>=0;j--)
    printf("%d",a[j]);
  printf("\n");
}
```

A. 10000

B. 10010

C. 00110

D. 10100

18. 下列程序的输出结果是（　　　）。

```c
#include <stdio.h>
main()
{
    int n[3][3],i,j;
    for(i=0;i<3;i++)
        for(j=0;j<3;j++)
            n[i][j]=i+j;
    for(i=0;i<2;i++)
        for(j=0;j<2;j++)
            n[i+1][j+1]+=n[i][j];
    printf("%d\n",n[i][j]);
}
```

A. 14　　　　　　　　　B. 0　　　　　　　　　C. 6　　　　　　　　　D. 值不确定

二、填空题

1. 阅读下列程序。

```c
#include <stdio.h>
main()
{
    int i,j,row,column,m;
    static int array[3][3]={{100,200,300},
                            {28,72,-30},
                            {-850,2,6}};
    m=array[0][0];
    for(i=0;i<3;i++)
        for(j=0;j<3;j++)
            if(array[i][j]<m)
            {
                m=array[i][j];
                row=i;
                column=j;
            }
    printf("%d,%d,%d\n",m,row,column);
    getch();
}
```

该程序的输出结果是_____。

2. 有下列程序：

```c
#include <stdio.h>
#include <string.h>
main()
{
    int i;
```

```
    char str[10],temp[10];
    gets(temp);
    for(i=0;i<4;i++)
       {
           gets(str);
           if(strcmp(temp,str<0))
              strcpy(temp,str);
       }
    printf("%s\n",temp);
}
```

该程序运行后，如果从键盘上输入：

C++✓

BASIC✓

QuickC✓

Ada✓

Pascal✓

则程序的输出结果是_____。

3. 若有以下定义：

```
double w[10];
```

则 w 数组元素下标的上限为_____，下限为_____。

4. 下列程序的输出结果是_____。

```
main()
{
    int arr[10],i,k=0;
    for(i=0;i<10;i++)
       arr[i]=i;
    for(i=1;i<4;i++)
       k+=arr[i]+i;
    printf("%d\n",k);
}
```

5. 有如下程序：

```
main()
{
    int a[3][3]={{1,2},{3,4},{5,6}};
    int i,j,s=0;
    for(i=1;i<3;i++)
       for(j=0;j<=1;j++)
          s+=a[i][j];
    printf("%d\n",s);
}
```

该程序运行的输出结果是_____。

三、编程题

1. 编写一个程序，处理某班 3 门课程的成绩，它们是语文、数学和英语。先输入学生人数（最多为 50 个人），然后按编号从小到大的顺序依次输入学生成绩，最后统计每门课程全班的总成绩和平均成绩以及每个学生课程的总成绩和平均成绩。

2. 编写一个程序，从键盘输入 10 个学生的成绩，统计最高分、最低分和平均分。

3. 编写一个程序，将用户输入的十进制整数转换成任意进制的数。

4. 编写一个程序，将一个子字符串 s2 插入到主字符串 s1 中，其起始插入位置为 n。

5. 有一行文字，现要求从其中删去某个指定字符（如输入 n，表示要从此行文字中删去所有是 n 的字符），要求该行文字和待删的字符均由终端输入。

6. 编写一个程序，将字符串"computer"赋给一个字符数组，然后从第一个字母开始间隔输出该字符串。

第 7 章 ┃ 指　针

7.1　本　章　要　点

【知识点 1】指针和指针变量

　　指针就是变量的地址，是一个整型常量，其值通过对变量取地址符&得到，如把这个地址再用一个变量来保存，则这个变量就称为指针变量，即用来存放指针的变量就称为指针变量。变量的值和变量的地址是不同的概念，变量的值是该变量在内存单元中的数据。变量在计算机内是占有一块存储区域的，变量的值就存放在这块区域之中，在计算机内部，通过访问或修改这块区域的内容来访问或修改相应的变量。C 语言中，对于变量的访问形式之一就是先求出变量的地址，然后再通过地址对它进行访问。

【知识点 2】指针运算符

　　"*"是指针运算符，目的是访问操作对象所指向的变量，如*p 为指针变量 p 所指向的变量。可以用*p 的形式存取该变量的值。它与取址运算符 "&"作用在一起时，有相互"抵消"的作用。如对于变量 i，*&i 与 i 等价。

【知识点 3】指针与一维数组

　　定义了一维数组 a 和指针变量 p，且"p=a;"，则以下 4 种表示相互等价：a[i]、p[i]、*(a+i)、*(p+i)。在 C 语言中，数组名是该数组的首地址，因此，数组名是指针常量。当指针变量 p 指向数组元素时，p 加上（减去）一个正整数 n，则当前指向为相对 p 向后（向前）移动 n 个元素的位置。

【知识点 4】指针与二维数组

　　等价关系：C 语言的二维数组由若干一维数组构成。若有定义语句：int a[M][N],i,j;，则以下元素的 6 种表示相互等价：a[i][j]、*(a[i]+j)、*(*(a+i)+j)、(*(a+i))[j]、*(&a[0][0]+N*i+j)、*(a[0]+N*i+j)。

　　行指针：若有语句：int a[M][N],i,j,(*p)[N];，则指针变量 p 指向包含 N 个整型元素的一维数组。当 p=a 时，p+1 指向下一行，故称 p 为行指针。

【知识点 5】指针与字符串

　　把字符串常量赋值给字符指针变量，相当于把该字符串常量的首地址赋值给字符指针变量。

【知识点 6】函数指针变量

　　在 C 语言中，可以把函数的首地址（或称入口地址）赋予一个指针变量，使该指针变量指向该函数。然后通过指针变量就可以找到并调用这个函数。把这种指向函数的指针变量称为"函数指针变量"。

【知识点 7】指向函数的指针变量

一个函数在编译时被分配一个入口地址，这个地址就是函数的指针，可以用一个指针变量指向它。指向函数的指针变量定义形式为：

数据类型 (*指针变量名) ();

【知识点 8】指针变量作为函数的参数

（1）指针作为函数的参数可以传送地址，如数组的首地址、函数的入口地址等。

（2）指针作为函数的参数也可以用地址方式传送数据。

【知识点 9】返回值是指针的函数

函数的返回值是内存的地址，利用这种方法可以将一个以上的数据返回给函数的调用者。定义形式如下：

数据类型 *函数名 (形参表)

【知识点 10】指向指针的指针

一个指针变量存放的又是另一个指针变量的地址，则称这个指针变量为指向指针的指针变量。它要经过二次间接存取后才能存取到变量的值。

7.2　习题参考解答

1. 选择题

（1）A　（2）C　（3）A　（4）D　（5）B　（6）A　（7）C　（8）C
（9）D　（10）C　（11）A　（12）B　（13）C　（14）A　（15）B　（16）B
（17）B　（18）C　（19）D　（20）B

2. 编程题

（1）参考程序如下：

```
void copy_string(char *dst, char *src)
{
  while((*(dst++)=*(src++))!='\0');
}
void main()
{
  char src_array[100];
  char dst_array[100];
  char *src=src_array;
  char *dst=dst_array;
  printf("\nPlease input the source string:\n");
  scanf("%s",src);
  copy_string(dst,src);
  printf("\nThe dst string is:\'%s\'\n",dst);
}
```

（2）参考程序如下：

```
#include <stdio.h>
```

```c
void main()
{
  int a[10],*p=a,i;
  int aver=0;
  int *pmax,*pnmax,*pmin;
  int temp,x,flag;
  for(i=0;i<10;i++)
  {
    scanf("%d",p+i);
    aver+=p[i];
  }
  aver=aver/10;
  printf("aver=%d\n",aver);
  if(p[0]>p[1])
    pmax=p,pnmax=p+1;
  else
    pmax=p+1,pnmax=p;
  for(i=2;i<10;i++)
    if(*pmax<p[i])
    {
      pnmax=pmax;
      pmax=p+i;
    }
    else if(*pnmax<p[i])
      pnmax=p+i;
        printf("%d,%d",*pmax,*pnmax);
        pmin=p;
    for(i=1;i<10;i++)
      if(*pmin>p[i])
        pmin=p+i;
        temp=*pmin,*pmin=*pmax,*pmax=temp;
      for(i=0;i<10;i++)
        printf("%d ",p[i]);
        printf("\n");
        scanf("%d",&x);
      for(i=0;i<10;i++)
        if(x==p[i])
        {
          printf("%d\n",i);
          break;
        }
        if(i==10)
          printf("no found\n");
```

```
            flag=1;
            while(flag)
            {
              flag=0;
              for(i=0;i<9;i++)
                if(p[i]>p[i+1])
                {
                    temp=p[i];
                    p[i]=p[i+1];
                    p[i+1]=temp;
                    flag=1;
                }
            }
            for(i=0;i<10;i++)
              printf("%d ",p[i]);
            printf("\n");
    }
```

（3）参考程序如下：

```
#include <stdio.h>
#include <string.h>
#define N 5
void main()
{
  char *ps[N],*temp;
  char str[N][81];
  int i,j,k;
  for(i=0;i<N;i++)
  {
    ps[i]=str[i];
    gets(ps[i]);
  }
  for(i=0;i<N-1;i++)
    for(j=i+1;j<N;j++)
      if(strcmp(ps[i],ps[j])<0)
      {
        temp=ps[j];
        ps[j]=ps[i];
        ps[i]=temp;
      }
      printf("----------------\n");
      for(i=0;i<N;i++)
        puts(ps[i]);
      printf("----------------\n");
```

```
        for(i=0;i<N-1;i++)
          for(j=i+1;j<N;j++)
            if(strlen(ps[i])>strlen(ps[j]))
            {
               temp=ps[j];
               ps[j]=ps[i];
               ps[i]=temp;
            }
            for(i=0;i<N;i++)
              puts(ps[i]);
}
```

（4）参考程序如下：

```
#include <stdio.h>
#include <string.h>
void main()
{
  char s1[81],s2[20];
  char *p1=s1,*p2=s2;
  int len1,len2,i,k;
  printf("input s1:");
  gets(p1);
  printf("input s2:");
  gets(p2);
  len1=strlen(p1),len2=strlen(p2);
  printf("input i:");
  scanf("%d",&i);
  for(k=0;k<len1-i+2;k++)
    p1[len1+len2-k]=p1[len1-k];
  for(k=0;k<len2;k++)
    p1[i-1+k]=p2[k];
  puts(p1);
}
```

（5）参考程序如下：

```
#include <stdio.h>
#include <string.h>
void main()
{
    char s1[81],s2[81];
    int num[80];
    char *p1=s1,*p2=s2;
    int i,k=0,flag;
    gets(s1);
    while(*p1!='\0')
```

```
    {
        flag=0;
        for(i=0;i<k;i++)
            if(*p1==*(p2+i))
            {   num[i]++;
                flag=1;
                break;
            }
        if(flag==0)
        {
            *(p2+k)=*p1;
            num[k]=1;
            k++;
        }
        p1++;
    }
    for(i=0;i<k;i++)
        printf("%c=%d ",s2[i],num[i]);
}
```

（6）参考程序如下：

```
#include <stdio.h>
#include <string.h>
void main()
{
  char s[81];
  char *p=s;
  int gc=0,lc=0,dc=0,bc=0,other=0,i;
  gets(p);
  while(*p!='\0')
  {
    if((*p>='A')&&(*p<='Z'))
      gc++;
    else if((*p>='a')&&(*p<='z'))
      lc++;
    else if((*p>='0')&&(*p<='9'))
      dc++;
    else if(*p==' ')
      bc++;
    else
      other++;
    p++;
  }
  printf("%d,%d,%d,%d,%d",gc,lc,dc,bc,other);
}
```

7.3　典型案例解析

【案例 7.1】 下列程序运行后的输出结果是（　　　）。

```
#include <stdio.h>
void  main()
{
    char c,*pc=&c;
    int a,*pa=&a;
    float f,*pf=&f;
    printf("%d%d%d\n",sizeof(pc),sizeof(pa),sizeof(pf));
}
```

A. 1 2 4　　　　　　B. 2 2 2　　　　　C. 2 2 4　　　　　D. 1 1 1

【答案】 B

【解释】 指针变量同普通变量一样，它也占用内存单元，而且每个指针变量占用内存单元的数量是相同的，每个指针变量都占用 2 个字节。所以选择 B。

【案例 7.2】 若有语句 "int a[10]={1,2,3},*pa=a;"，则以下叙述错误的是（　　　）。

A. pa 与 a 的值相等　　　　　　　　　B. pa[2]与 a[2]的值相等

C. *(pa+2)与 a[2]的值相等　　　　　　D. a++与 pa++的作用相同

【答案】 D

【解释】 数组名 a 是数组 a 的首地址，是一个常量，所以不能进行 a++操作，而 pa 是指针变量，可以进行自加运算。所以选择 D。

【案例 7.3】 若有以下语句：

```
int a[4][3],(*p)[3];p=a;
```

则能正确引用 a 数组元素的是（　　　）。

A. **（p+4）　　　B. p[3]　　　　　C. *(p[3]+2)　　　D. *(p+3)+2

【答案】 C

【解释】 p 为指向行数组的指针变量，p[i]表示数组 a 第 i+1 行的首地址，*(p[3]+2)表示间接访问 a[3][3]，是数组 a 的元素。**(p+4)表示的是 a[4][0]，已越界，p[3]和*(p+3)+2 表示的都是数组元素的地址。

【案例 7.4】 设 "char *s="ab\t\071a\0bc";"，则指针变量 s 指向的字符串的长度是（　　　）。

A. 3　　　　　　　B. 4　　　　　　　C. 5　　　　　　　D. 8

【答案】 C

【解释】 '\t'、'\071'都是一个转义字符，'\071'中的'0'是指八进制，而不是字符串结束符，'\071'表示 ASCII 码值为八进制 71 即十进制 57 的字符，即'9'，"\0bc"中的'\0'是字符串结束符。

【案例 7.5】 以下程序段的运行结果是（　　　）。

```
int a[3][4]={1,2,3,4,5,6,7,8,9,10,11,12};
int *p[3], i;
for(i=0;i<3;i++)
    p[i]=a[i];
```

```
printf("%d,%d",*(p[1]+1),*p[2]);
```
【答案】6，9

【解释】p 是指针数组，p[i]是指针变量，对于二维数组 a[3][4]，a[i]可理解为由第 i+1 行各元素构成的一维数组的首地址。因此*(p[1]+1)与 a[1][1]相同，*p[2]与 a[2][0]相同。

7.4　实验操作题

【实验】指针的应用

1. 实验目的

① 掌握指针的基本概念，指针变量的定义、初值和赋值。

② 能够用指针方法设计程序，熟练掌握指针的基本运算。

③ 掌握指针与数组的关系，学会使用指针存取数组元素。

④ 学习在程序中使用指针处理字符串。

2. 实验内容

① 输入 3 个数 a、b、c，按大小顺序输出。要求利用指针方法实现。

参考程序如下：

```
main()
{
    int n1,n2,n3;
    int *p1,*p2,*p3;
    printf("please input 3 number:n1,n2,n3:");
    scanf("%d,%d,%d",&n1,&n2,&n3);
    p1=&n1;
    p2=&n2;
    p3=&n3;
    if(n1>n2) swap(p1,p2);
    if(n1>n3) swap(p1,p3);
    if(n2>n3) swap(p2,p3);
    printf("the sorted numbers are:%d,%d,%d\n",n1,n2,n3);
}
    swap(int *p,int *q)
    {
        int t;
        t=*p;*p=*q;*q=t;
    }
```

② 输入数组，最大的与第一个元素交换，最小的与最后一个元素交换，输出数组。

参考程序如下：

```
main()
{
```

```
    int number[10];
    input(number);
    max_min(number);
    output(number);
}
input(number)
int number[10];
{
    int i;
    for(i=0;i<9;i++)
      scanf("%d,",&number[i]);
      scanf("%d",&number[9]);
}
max_min(array)
int array[10];
{
    int *max,*min,k,l;
    int *p,*arr_end;
    arr_end=array+10;
    max=min=array;
    for(p=array+1;p<arr_end;p++)
      if(*p>*max) max=p;
      else if(*p<*min) min=p;
      k=*max;
      l=*min;
      *p=array[0];array[0]=l;l=*p;
      *p=array[9];array[9]=k;k=*p;
      return;
}
output(array)
int array[10];
{
    int *p;
    for(p=array;p<array+9;p++)
      printf("%d,",*p);
    printf("%d\n",array[9]);
}
```

③ 编写一个函数，求一个字符串的长度，在 main()函数中输入字符串，并输出其长度。
参考程序如下：

```
main()
{
    int len;
    char  str[20];
    printf("please input a string:\n");
```

```
        scanf("%s",str);
        len=length(str);
        printf("the string has %d characters.",len);
}
        length(p)
        char *p;
        {
            int n;
            n=0;
            while(*p!='\0')
            {
                n++;
                p++;
            }
            return n;
        }
```

④ 有 n 个整数，使其前面各数顺序向后移 m 个位置，最后 m 个数变成最前面的 m 个数。
参考程序如下：

```
main()
{
    int number[20],n,m,i;
    printf("the total numbers is:");
    scanf("%d",&n);
    printf("back m:");
    scanf("%d",&m);
    for(i=0;i<n-1;i++)
      scanf("%d,",&number[i]);
    scanf("%d",&number[n-1]);
    move(number,n,m);
    for(i=0;i<n-1;i++)
      printf("%d,",number[i]);
    printf("%d",number[n-1]);
}
    move(array,n,m)
    int n,m,array[20];
    {
        int *p,array_end;
        array_end=*(array+n-1);
        for(p=array+n-1;p>array;p--)
          *p=*(p-1);
          *array=array_end;
          m--;
          if(m>0) move(array,n,m);
    }
```

⑤ 有 n 个人围成一圈，顺序排号。从第一个人开始报数（从 1 到 3 报数），凡报到 3 的人退出圈子，问最后留下的是原来第几号的那位。

参考程序如下：

```c
#define nmax 50
main()
{
    int i,k,m,n,num[nmax],*p;
    printf("please input the total of numbers:");
    scanf("%d",&n);
    p=num;
    for(i=0;i<n;i++)
      *(p+i)=i+1;
      i=0;
      k=0;
      m=0;
      while(m<n-1)
      {
          if(*(p+i)!=0) k++;
          if(k==3)
          {
              *(p+i)=0;
              k=0;
              m++;
          }
          i++;
          if(i==n) i=0;
      }
    while(*p==0) p++;
    printf("%d is left\n",*p);
}
```

7.5　附 加 习 题

一、选择题

1. 若有定义 int *p1,*p2; 则错误的表达式是（　　）。

A. p1+p2　　　　　　B. p1-p2　　　　　　C. p1<p2　　　　　　D. p1=p2

2. 以下叙述错误的是（　　）。

A. 存放地址的变量称为指针变量

B. NULL 可以赋值给任何类型的指针变量

C. 一个指针变量只能指向类型相同的变量

D. 两个相同类型的指针变量可以作加减运算

3. 以下程序段运行后，表达式*(p+4)的值为（　　）。

```
char a[]="china";
char *p;
p=a;
```

A. 'n'　　　　　　　B. 'a'　　　　　　C. 存放'n'的地址　　D. 存放'a'的地址

4. 以下程序段运行后，表达式*(p++)的值为（　　）。

```
char a[5]="work";
char *p=a;
```

A. 'w'　　　　　　　B. 存放'w'的地址　　C. 'o'　　　　　　D. 存放'o'的地址

5. 若有定义：

```
int *p,k=4; p=&k;
```

以下均代表地址的是（　　）。

A. k, p　　　　　　B. &k, &p　　　　　C. &k, p　　　　　D. k, *p

6. 若有定义：double *q,p;，则能给输入项读入数据的正确程序段是（　　）。

A. q=&p;scanf("%lf",*q);　　　　　　B. q=&p;scanf("%lf",q);

C. *q=&p;scanf("%lf",q);　　　　　　D. *q=&p;scanf("%lf",*q);

7. 若已定义：int q=5;，对① int *p=&q;和② p=&q; 这两条语句理解错误的是（　　）。

A. ①是对p定义时初始化，使p指向q；而②是将q的地址赋给p

B. ①和②中的&q含义相同，都表示给指针变量赋值

C. ①是对p定义时初始化，使p指向q；而②是将q的值赋给p所指向的变量

D. ①和②的执行结果都是把q的地址赋给p

8. 下面语句错误的是（　　）。

A. int *p; *p=20;

B. char *s="abcdef"; printf("%s\n",s);

C. char *str="abcdef"; str++;

D. char *str;str="abcdef";

9. 若有定义 int a[2][3],*p=a;，则能表示数组元素 a[1][2]地址的是（　　）。

A. *(a[1]+2)　　　B. a[1][2]　　　　C. p[5]　　　　　D. p+5

10. 若已定义：int a=5,*p; 且 p=&a; 则以下表示中不正确的是（　　）。

A. &a==&(*p)　　　B. *(&p)==a　　　C. &(*p)==p　　　D. *(&a)==a

11. 若有以下程序段，则叙述正确的是（　　）。

```
char s[]="computer";
char *p;
p=s;
```

A. s和p完全相同

B. 数组s的长度和p所指向的字符串长度相等

C. *p与s[0]相等

D. 数组s中的内容和指针变量p中的内容相等

12. 下列程序段的运行结果是（　　）。

```
enum weekday{ aa,bb=2,cc,dd,ee }week=ee;
printf("%d\n",week);
```

   A. ee   B. 5   C. 2   D. 4

13. 若有下列程序段，则不能正确访问数组元素 a[1][2]的是（   ）。

```
int (*p)[3];
int a[][3]={1,2,3,4,5,6,7,8,9};
p=a;
```

   A. p[1]+2

   B. p[1][2]

   C. (*(p+1))[2]

   D. *(*(a+1)+2)

14. 下列程序段的运行结果是（   ）。

```
int a[]={1,2,3,4,5,6,7},*p=a;
int n,sum=0;
for(n=1;n<6;n++) sum+=p[n++];
printf("%d",sum);
```

   A. 12   B. 15   C. 16   D. 27

15. 下列程序的运行结果是（   ）。

```
main()
{
    int a,b;
    int *p1=&a,*p2=&b,*t;
    a=10;b=20;
    t=p1;p1=p2;p2=t;
    printf("%d,%d\n",a,b);
}
```

   A. 10,20   B. 20,10   C. 10,10   D. 20,20

16. 下列程序段运行后变量 s 的值为（   ）。

```
int a[]={1,2,3,4,5,6,7};
int i,s=1,*p;
p=&a[3];
for(i=0;i<3;i++)
  s*=*(p+i);
```

   A. 6   B. 60   C. 120   D. 210

17. 下列程序段运行后变量 ans 的值为（   ）。

```
int a[]={1,2,3},b[]={3,2,1};
int *p=a,*q=b;
int k,ans=0;
for(k=0;k<3;k++)
    if(*(p+k)==*(q+k))
    ans=ans+*(p+k)*2;
```

A. 2   B. 4   C. 6   D. 12

18. 下列程序的运行结果是（   ）。

```c
main()
{
    char a[]="abc",*p;
    for(p=a;p<a+3;p++)
      printf("%s",p);
}
```

A. abcbcc   B. abc   C. cbabaa   D. cba

19. 下列程序的输出结果是（   ）。

```c
#include <stdio.h>
void main()
{
    int i;
    char *s="ABCD";
    for(i=0;i<3;i++)
      printf("%s\n",s+i);
}
```

A. CD   B. ABCD

　　BCD   　　BCD

　　ABCD   　　CD

C. AB   D. ABCD

　　ABC   　　ABC

　　ABCD   　　AB

20. 下列程序的输出结果是（   ）。

```c
#include <stdio.h>
void main()
{
    char *p="ABCDE",*q=p+3;
    printf("%c\n",q[-2]);
}
```

A. A   B. B   C. C   D. D

21. 下列程序执行时，若输入 5 4 3 2 1<回车>，则输出为：

```c
#include <stdio.h>
#define N 5
void main()
{
    int a[N];
    int *p=a;
    while(p<a+N)
      scanf("%d",p++);
```

```
    while(p>a)
      printf("%d ",*(--p));
}
```

A. 5 4 3 2 1   B. 1 2 3 4 5   C. 3 4 5 1 2   D. 3 2 1 5 4

22. 下列程序段的运行结果是 (   )。

```
int a[]={1,2,3,4,5,6},*p=a;
int i,sum=0;
for(i=1;i<6;i++) sum+=*(p++);
printf("%d",sum);
```

A. 10   B. 12   C. 15   D. 20

23. 下列程序的运行结果是 (   )。

```
main()
{
    int a[]={1,2,3,4,5},*p,*q,i;
    p=a; q=p+4;
    for(i=1;i<5;i++)
    printf("%d%d",*(q-i),*(p+i));
}
```

A. 24334251   B. 51423324   C. 15243342   D. 42332415

24. 下列程序的运行结果是 (   )。

```
main()
{
    static char a[]="abcdefg",b[]="adcbehg";
    char *p=a,*q=b;
    int i;
    for(i=0;i<=6;i++)
      if(*(p+i)==*(q+i))
        printf("%c",*(q+i));
}
```

A. geca   B. aceg   C. bdf   D. Fdb

二、填空题

1. 下列程序将逆序输出数组 a 中元素的值。

```
#define N 10
main()
{
    int a[N],i,*p,*q,t;
    for(i=0;i<N;i++)
    scanf("%d",a+_____);
    for(p=a,q=a+N-1;p<q;p++,_____)
    {
        t=*p;
        *p=_____;
```

```
        *q=t;
    }
    for(i=0;i<N;i++)
    printf("%d",a[i]);
}
```

2. 下列程序中实现从主串 s 中取出一子串 s1，n 表示取出子串的起始位置，m 表示所取子串的字符个数，程序运行后输出 cdefg。

```
main()
{
    char s[100]="abcdefgh",s1[100],*p=s,*p2=s1;
    int n=3,m=5;
    for(p=s+n-1;p<s+_____);p++,p2++)
    *p2=*p;
    _____;
    *p2='\0';
    puts(s1);
}
```

第8章 ┃ 结构体和共用体

8.1 本 章 要 点

【**知识点1**】结构体及其类型定义

结构体是由一系列具有相同类型或不同类型的数据构成的、并用一个标识符来命名的各种变量的数据集合，也叫结构。结构体可以构成需要使用的数据类型，在实际项目中，结构体是大量存在的，编程时常使用结构体来封装一些属性来组成新的类型。

结构体类型的形式为：

```
struct 结构体类型名
{     数据类型成员名1；
      …
      数据类型成员名n；
}
```

【**知识点2**】结构体变量的定义

结构体变量有3种定义形式：

① 先定义结构体类型，后定义结构体变量。

② 定义结构体类型的同时定义结构体变量。

③ 不定义结构体类型名，直接定义结构体变量。

【**知识点3**】结构体变量的引用

① 结构体变量的初始化：许多C版本规定对外部或静态存储类型的结构体变量可以进行初始化，而对局部的结构体变量则不可以，新标准C无此限制，允许在定义时对自动变量初始化。

② 结构体成员的引用：由于C语言一般不允许对结构体变量的整体引用，所以对结构体的引用只能是对分量的引用，结构体变量中的任一分量可以表示为：

结构体变量名·成员名

【**知识点4**】结构体与数组

C语言中数组的成员可以是结构体变量，结构体变量的成员也可以是数组。

结构体数组有3种定义形式：

① 先定义结构体类型，后定义结构体数组。

② 定义结构体类型的同时定义结构体数组。

③ 不定义结构体类型名，直接定义结构体变量。

【知识点5】结构体与指针

一方面结构体变量中的成员可以是指针变量，另一方面也可以定义指向结构体的指针变量，指向结构体的指针变量的值是某一结构体变量在内存中的首地址。

结构体指针的定义形式：

struct　结构体类型名　　*结构体指针变量名。

【知识点6】结构体与函数

结构体变量的成员可以作为函数的参数、指向结构体变量的指针也可以作为函数的参数。虽然结构体变量名也可以作为函数的参数，将整个结构体变量进行传递，但一般不这样做，因为如果结构体的成员很多，或者有些成员是数组，则程序运行期间，会将全部成员一个一个的传递。

【知识点7】共用体及其类型定义

在进行某些算法的C语言编程的时候，需要使几种不同类型的变量存放到同一段内存单元中，即使用覆盖技术，几个变量互相覆盖，这种几个不同的变量共同占用一段内存的结构，称为"共用体"类型结构，简称共用体。

共用体类型的形式为：

union 共用体类型名
{　　数据类型成员名 1；
　　…
　　数据类型成员名 n；
}

【知识点8】共用体变量定义

① 先定义类型，后定义变量。

② 定义类型的同时定义变量。

③ 不定义类型名，直接定义变量。

【知识点9】共用体变量的引用

① 共用体变量不能整体引用，只能引用其成员，形式为：

共用体变量名·成员名

② 共用体变量的成员不能初始化，因为它只能放一个数据。

③ 共用体变量存放的数据是最后放入的数据。

④ 共用体变量的长度是最大的成员的长度。

⑤ 可以引用共用体变量的地址、各个成员的地址，它们都是同一个地址。

⑥ 共用体变量不能当函数的参数或函数的返回值，但可以用指向共用体变量的指针作为函数的参数。

⑦ 共用体变量的成员可以是数组，数组的成员也可以是共用体变量。

8.2　习题参考解答

1. 单项选择题

（1）B　　（2）C　　（3）A　　（4）D　　（5）A　　（6）A
（7）B　　（8）C　　（9）B　　（10）A　　（11）B　　（12）D

2．编程题

（1）参考程序如下：

```c
#include <stdio.h>
struct student
{
    char number[10];
    char name[10];
    float score1;
    float score2;
};
void main()
{
    struct student stu[5];
    int i,j;
    float sum,sumpart,temp,average,tt;
    sum=average=0.0;
    printf("\n  please enter data of five students: number name score1
score2:\n");
    for(i=0;i<5;i++)
    {
      scanf("%s",stu[i].number);
      scanf("%s",stu[i].name);
      scanf("%f",&tt);
      stu[i].score1=tt;
      scanf("%f",&tt);
      stu[i].score2=tt;
    }
    sumpart=stu[0].score1+stu[0].score2;
    j=0;
    for(i=0;i<5;i++)
    {
      sum+=stu[i].score1+stu[i].score2;
      temp=stu[i].score1+stu[i].score2;
      if(temp>=sumpart)
      {
          sumpart=temp;
          j=i;
      }
    }
    average=sum/5;
    printf("%8.2f\n",average);
```

```
    printf("%10s%10s%-8.2f",stu[j].number,stu[j].name,stu[j].score1,stu[j].
score2);
}
```

（2）参考程序如下：

```
struct CLASS
{
    char *id;
    int num;
    char *department;
    char *counselor;
};

struct student
{
    char *s_id;
    char *s_name;
    int age;
    struct CLASS s_class;
};
```

（3）参考程序如下：

```
#define MAX_SIZE 100
int lsize=0;
struct element
{
    int data;
    struct element *next;
} list;
void init()
{
    int size;
    int i;
    struct element *input,*current;
    do
    {
        printf("\nPlease input the size of list:");
        scanf("%d",&size);
    }
    while(size<0 || size>MAX_SIZE);
    lsize=size;
    current=&list;
    for(i=0;i<lsize;i++)
    {
        input=(struct element *)malloc(sizeof(struct element));
```

```
        printf("\nElement data:");
        scanf("%d",&input->data);
        current->next=input;
        current=input;
    }
}
void insert()
{
    int position,i;
    struct element *insert_elem,*current,*temp;
    do
    {
        printf("\nPlease input the position you want to insert(size is %d):",
lsize);
        scanf("%d",&position);
    }
    while(position<0 || position>lsize+1);
    insert_elem=(struct element *)malloc(sizeof(struct element));
    printf("\nInput the data of insert element:");
    scanf("%d", &insert_elem->data);
    current=&list;
    for(i=0;i<position-1;i++)
        current=current->next;
    temp=current->next;
    current->next=insert_elem;
    insert_elem->next=temp;
    lsize++;
}
void delete()
{
    int position, i;
    struct element *to_del,*current;
    do
    {
        printf("\nPlease input the position you want to delete(size is %d):",
lsize);
        scanf("%d",&position);
    } while(position<0 || position>lsize);
    current=&list;
    for(i=0;i<position-1;i++)
        current=current->next;
    to_del=current->next;
    current->next=to_del->next;
```

```
        free(to_del);
        lsize--;
    }
void clear()
{
    int i;
    struct element * temp;
    for(i=0;i<lsize;i++)
    {
        temp=list.next;
        list.next=temp->next;
        free(temp);
    }
    lsize=0;
}
void print()
{
    int i;
    struct element *current;
    printf("\n Starting to display list:");
    current=list.next;
    for(i=0;i<lsize;i++)
    {
        printf("\nPosition: %d, value :%d",i,current->data);
        current=current->next;
    }
}
void main()
{
    init();
    print();
    insert();
    print();
    delete();
    print();
}
```

8.3　典型案例解析

【案例 8.1】设有如下语句，则下面叙述错误的是（　　　）。

```
struct  TT
{
    int num;
    char name[20];
```

```
}
worker;
```

A. struct 是结构类型的关键字   B. struct TT 是结构类型

C. worker 是结构类型名   D. name 是结构成员名

【答案】C

【解释】定义结构类型和定义结构变量的一般格式如下：

```
struct[<结构类型名>]
{
    <成员列表>
};
[struct]<结构类型名><变量名表>;
```

从上面定义看出 C 是错误的，因为 worker 是类型为 struct TT 的结构变量的名称，而非结构类型名。所以选择 C。

【案例 8.2】在声明一个结构变量时，系统分配给它的内存大小是（　　　）。

A. 该结构变量中第一个成员所需内存量

B. 该结构变量中最后一个成员所需内存量

C. 该结构变量的成员中占内存量最大者所需的容量

D. 该结构变量各成员所需内存量的总和

【答案】D

【解释】结构类型是聚合数据对象的抽象，用它创建的结构变量包含 n 个成员，每个成员又都是相对独立的数据对象，因此，必须拥有各自的内存空间，相互不能共用（这是结构变量与联合变量的根本区别）结构变量的 n 个成员所需的内存空间分配在一片连续的内存区域中，该内存区域的大小就是其所有成员所需的内存空间之和。所以选择 D。

【案例 8.3】以下程序的输出结构是（　　　）。

```
#include <stdio.h>
void main()
{
    struct
    {
        char  x1;
        int   x2;
    }
    a[3]={'A',1,'B',2,'C',3};
    printf("%d\n",a[0].x1-a[1].x1/a[2].x2);
}
```

A. 40   B. 43   C. 55   D. 80

【答案】B

【解释】结构数组 a 有 3 个元素，每个元素都是一个结构变量，a[0].x1 的值为 65（字符 A 的 ASCII 码值），a[1].x1 的值为 66，a[2].x2 的值为 3，带入表达式 a[0].x1-a[1].x1/a[2].x2，可得 43。所以选择 B。

【案例 8.4】有如下程序段：

```
union
{
    char a;
    int b;
    float c;
}
x1={'a',2,3.5},x2;
…
x1=x2;
…
```

则以下叙述中错误的是（   ）。

    A. 第一条语句中，在声明变量 x1 和 x2 时，对 x1 成员进行初始化时合法的

    B. 变量 x1 中不能同时存放其成员 a、b、c 的值

    C. 赋值语句 x1=x2;是合法的

    D. 成员变量 x1.a 和 x1.c 具有相同的首地址

【答案】A

【解释】由于联合的各个成员共用一段存储空间，所以，这些成员都具有相同的首地址并且在任一时刻，只能有一个成员可以占据这段空间，再则 C 语言允许同类型的联合变量之间进行整体赋值，因此，B、C、D 选项正确，定义联合变量时，不能同时对其成员进行初始化，所以 A 错误。

8.4　实验操作题

【实验】结构类型的应用

1.　实验目的

① 熟悉结构类型的基本概念及其初始化和基本引用。

② 掌握链表的应用。

③ 掌握结构类型描述日常生活中常见的各种聚合数据的方法。

④ 学会编写使用结构数组的数据处理程序。

2.　实验内容

① 编写 input()和 output()函数，输入/输出 5 名学生的数据记录。

参考程序如下：

```
#define N 5
struct student
{
    char num[6];
    char name[8];
    int score[4];
```

```
} stu[N];
input(stu)
struct student stu[];
{
  int i,j;
  for(i=0;i<N;i++)
  {
    printf("\n please input %d of %d\n",i+1,N);
    printf("num: ");
    scanf("%s",stu[i].num);
    printf("name: ");
    scanf("%s",stu[i].name);
      for(j=0;j<3;j++)
      {
        printf("score %d.",j+1);
        scanf("%d",&stu[i].score[j]);
      }
    printf("\n");
    }
}
print(stu)
struct student stu[];
{
    int i,j;
    printf("\nNo. Name Sco1 Sco2 Sco3\n");
    for(i=0;i<N;i++)
    {
      printf("%-6s%-10s",stu[i].num,stu[i].name);
      for(j=0;j<3;j++)
        printf("%-8d",stu[i].score[j]);
      printf("\n");
    }
}
main()
{
  input();
  print();
}
```

② 上机运行下列程序，观察其运行结果。

```
#include <stdio.h>
struct student
{
    int x;
```

```
        char c;
    } a;
main()
{
    a.x=3;
    a.c='a';
    f(a);
    printf("%d,%c",a.x,a.c);
}
f(struct student b)
{
    b.x=20;
    b.c='y';
}
```

③ 反向输出一个链表。

参考程序如下：

```
#include <stdlib.h>
#include <stdio.h>
struct list
{
    int data;
    struct list *next;
};
typedef struct list node;
typedef node *link;
void main()
{
    link ptr,head,tail;
    int num,i;
    tail=(link)malloc(sizeof(node));
    tail->next=NULL;
    ptr=tail;
    printf("\nplease input 5 data==>\n");
    for(i=0;i<=4;i++)
    {
        scanf("%d",&num);
        ptr->data=num;
        head=(link)malloc(sizeof(node));
        head->next=ptr;
        ptr=head;
    }
    ptr=ptr->next;
    while(ptr!=NULL)
```

```
    {
        printf("The value is ==>%d\n",ptr->data);
        ptr=ptr->next;
    }
}
```

④ 找到年龄最大的人并输出。找出程序中存在的问题。

参考程序如下：

```
#define N 4
#include <stdio.h>
static struct man
{
    char name[20];
    int age;
}  person[N]={"li",18,"wang",19,"zhang",20,"sun",22};
main()
{
    struct man *q,*p;
    int i,m=0;
    p=person;
    for(i=0;i<N;i++)
    {
        if(m<p->age)
        q=p++;
        m=q->age;
    }
    printf("%s,%d",(*q).name,(*q).age);
}
```

⑤ 创建一个链表。

参考程序如下：

```
#include <stdlib.h>
#include <stdio.h>
struct list
{
    int data;
    struct list *next;
};
typedef struct list node;
typedef node *link;
void main()
{
    link ptr,head;
    int num,i;
    ptr=(link)malloc(sizeof(node));
```

```
        ptr=head;
        printf("please input 5 numbers==>\n");
        for(i=0;i<=4;i++)
        {
          scanf("%d",&num);
          ptr->data=num;
          ptr->next=(link)malloc(sizeof(node));
          if(i==4) ptr->next=NULL;
          else ptr=ptr->next;
        }
        ptr=head;
        while(ptr!=NULL)
        {
          printf("The value is ==>%d\n",ptr->data);
          ptr=ptr->next;
        }
}
```

8.5 附 加 习 题

一、选择题

1. 若定义如下结构，则能打印出字母 M 的语句是（   ）。

```
struct person
{
    char name[9];
    int age;
}
struct person class[10]={"Wujun",20,
                         "Liudan",23,
                         "Maling",21,
                         "zhangming",22};
```

A. printf("%c\n",class[3].name);

B. printf("%c\n",class[2].name[0]);

C. printf("%c\n",class[2].name[1]);

D. printf("%c\n",class[3].name[1]);

2. 下列程序段的运行结果是（   ）。

```
union
{
    int n;
    char str[2];
}
main()
```

```
{
    t.n=80;
    t.str[0]='a';
    t.str[1]=0;
    printf("%d\n",t.n);
}
```

A．80　　　　　　　　B．a　　　　　　　　C．0　　　　　　　　D．97

3．一个结构体变量占用的内存大小是（　　）。

A．占内存容量最大的成员所需容量

B．各成员所需内存容量之和

C．第一个成员所需内存容量

D．最后一个成员所需内存容量

4．下列程序段的运行结果是（　　）。

```
union
{
    int x;
    float y;
    char c;
}m,n;
main()
{
    m.x=5;
    m.y=7.5;
    m.c='A';
    n.x=8;
    printf("%d\n",m.x);
}
```

A．5　　　　　　　　B．7.5　　　　　　　C．65　　　　　　　D．8

5．若有如下定义：

```
struct student
{
    int num;
    char name[8];
    char sex;
    float score;
}stu1;
```

则变量 stu1 所占用的内存字节数是（　　）。

A．15　　　　　　　B．16　　　　　　　C．8　　　　　　　D．19

6．定义结构体类型变量 teach1，不正确的是（　　）。

A．struct teacher 　　　　　　　　　　B．struct teacher
　　{ int num; 　　　　　　　　　　　　　{ int num;
　　　 int age; 　　　　　　　　　　　　　　 int age;
　　}; 　　　　　　　　　　　　　　　　　}teach1;
　　struct teacher teach1;

C. struct
   { int num;
       int age;
   }teach1;

D. struct
   { int num;
       int age;
   }teacher;
   struct teacher teach1;

7. 若有定义：

```
struct student
{   int num;
    char sex;
    int age;
}stu1;
```

则下列叙述不正确的是（   ）。

A. student 是结构体类型名

B. struct student 是结构体类型名

C. stu1 是用户定义的结构体类型变量名

D. Num、sex、age 都是结构体变量 stu1 的成员

8. 下列程序的运行结果是（   ）。

```
#include <stdio.h>
union data
{
    int i;
    char c;
    double d;
}a[2];
void main()
{
    printf("%d\n",sizeof(a));
}
```

A. 16   B. 8   C. 4   D. 2

9. 下列程序的运行结果是（   ）。

```
#include <stdio.h>
union data
{
    int i;
    char c;
};
struct
{
    char a[2];
    int i;
    union data d;
```

```
}p;
void main()
{
    printf("%d\n",sizeof(p));
}
```

A．5　　　　　　　　B．6　　　　　　　　C．7　　　　　　　D．8

10．以下 C 语言共用体类型数据的描述中，正确的是（　　　）。

A．共用体变量占的内存大小等于所有成员所占的内存大小之和

B．共用体类型不可以出现在结构体类型定义中

C．在定义共用体变量的同时允许对第一个成员的值进行初始化

D．同一共用体中各成员的首地址不相同

11．设有如下语句：

```
struct stu
{
    int num;
    int age;
};
struct stu s[3]={{101,18},{102,21},{103,19}};
struct stu *p=s;
```

则下面表达式的值为 102 的是（　　　）。

A．(p++)->num　　　B．(*++p).num　　　C．(*p++).num　　　D．*(++p)->num

12．若有以下定义，能打印出字母'L'的语句是（　　　）。

```
struct class
{
    char name[8];
    int age;
};
struct class s[12]={"Zheng",16,"Lin",18,"Yang",19,"Guo",20};
```

A．printf("%c\n",s[1].name[0]);　　　　　B．printf("%c\n",s[2].name[0]);

C．printf("%c\n",s[1].name);　　　　　　D．printf("%c\n",s[2].name);

13．若有以下定义，对结构体变量成员不正确引用的语句是（　　　）。

```
struct pup
{
    char name[20];
    int age;
    int sex;
}p[3],*q;
q=p;
```

A．scanf("%s",p[0].name);　　　　　　B．scanf("%d",q->age);

C．scanf("%d",&(q->sex));　　　　　　D．scanf("%d",&p[0].age);

二、填空题

1. 下列程序运行后的输出结果是_____。

```c
#include<stdio.h>
struct  porb
{
    char  *name;
    int  count;
}x[ ]={"li ning",19,"lang ping",21,"zhu jian hua",20};
main()
{
    int j;
    for(j=0;j<3;j++)
    printf("%s:%d\n",x[j].name,x[j].count);
}
```

2. 下列程序的功能是计算 3 个学生的总成绩和平均成绩，其中 3 个学生的成绩存储在一个结构体数组中。

```c
#include <stdio.h>
struct stu
{
    char name[10];
    float score;
};
main()
{
    _____  stus[3]={"Mary",76,"John",85,"Tom",81};
    int i=0;
    float total=0,aver =0;
    while(i<3)
    {
        total+=_____;
        i++;
    }
    aver=total/3;
    printf("\ntotal=%.2f,aver=%.2f",total,aver);
    getch();
}
```

第 9 章 | 文件操作与位运算

9.1 本 章 要 点

【知识点 1】文件

所谓"文件"是指一组相关数据的有序集合，这个数据集有一个名称，叫做文件名。从不同的角度可对文件进行不同的分类，从用户的角度看，文件可分为普通文件和设备文件两种。在 C 语言中，文件被看作字符序列（或者字节序列），它由一个个的字符（或字节）按照一定的顺序依次组成。此处的字符序列（或者字节序列）称为字节流，流是对文件输入或输出的一种动态描述，因此 C 语言中的文件亦被称为流式文件。

【知识点 2】普通文件

普通文件是指存储在外存上的数据的集合体，它既可以是源程序文件、目标文件或可执行文件，也可以是程序运行时所需的一组原始数据（或是程序运行后产生的一组结果），称前者为程序文件，称后者为数据文件。

【知识点 3】设备文件

设备文件是指与主机相连的各种外围设备，如显示器、打印机、键盘等。在操作系统中，把外部设备也看作一个文件来进行管理，把它们的输入/输出等同于对磁盘文件的读和写。当把打印机看作设备文件时，所进行的输出实际上就是打印；当把显示器看作设备文件时，所进行的输出就是屏幕显示；当把键盘看成设备文件时，所进行的输入实际上就是从键盘输入数据。

【知识点 4】文件的组织形式

从文件编码的方式来看，文件可分为 ASCII 码文件和二进制码文件两种。

【知识点 5】ASCII 文件

以 ASCII 码字符形式存储的文件称为文本文件，亦称 ASCII 文件。C 语言的源程序文件（扩展名为.c）和用 Windows "附件"程序组下的"记事本"创建的文件（扩展名为.txt）都是文本文件，而 Word 文档（扩展名为.doc）则是一种格式化文档，不是文本文件。在文本文件中，存储一个字符需要一个字节，虽然处理字符比较方便，但文本文件一般要占用较大的存储空间。

【知识点 6】二进制文件

二进制文件是按以二进制的形式存储，结构紧凑有利于节省磁盘空间。C 语言中的目标文件（扩展名为.obj）和可执行文件（扩展名为.exe）都是二进制文件。在二进制文件中，一个字节并不直接对应着一个字符，它需要转换后才能以字符的形式输出，但一个字节并不对应一个字符。不能直接输出字符形式。

【知识点 7】设备文件

由于计算机中的输入/输出设备的作用是输入/输出数据，所以把输入/输出设备也看成文件，称为设备文件。

计算机上配备的常用输入设备是键盘，称为标准输入设备；常用输出设备是显示器，称为标准输出设备；显示器是专用于输出错误信息的标准输出设备。

【知识点 8】文件类型指针

文件类型指针是缓冲型文件系统中的一个重要概念。C 语言系统规定，当前正在使用的文件的有关信息，如文件名、文件状态、数据缓冲区的位置、当前的文件读或写位置等，都被保存到一个特定的结构类型变量中，该变量称为文件结构变量（或 FILE 型变量）。系统已经在标准头文件 stdio.h 中就包含了 FILE 类型的声明，完成了定义。在 C 语言中，对于每个要存取的文件，事先都必须定义一个指向 FILE 类型的指针变量，该指针变量称为文件类型指针变量（或 FILE 指针变量），有了它才能对文件进行操作。

文件类型指针变量（或 FILE 指针变量）的定义格式如下：

```
FILE  *文件指针变量名；
```

【知识点 9】操作文件的常用函数

C 语言中操作文件的常用函数如下：

- 打开文件函数 fopen()。
- 关闭文件函数 fclose()。
- 文件尾测试函数 feof()。
- 错误测试函数 ferror()。
- 字符读/写函数 fgetc()/fputc()。
- 字符串读/写函数 fgets()/fputs()。
- 数据读/写函数 fread()/fwrite()。
- 格式读/写函数 fscanf()/fprintf()。
- 文件头定位函数 rewind()。
- 文件随机定位函数 fseek()。

【知识点 10】位运算

位运算是指二进制位的运算，其运算对象只能是整型或字符型数据，即只能用于带符号或无符号的 char、short、int 与 long 类型，不能是浮点型数据。在系统软件中常要处理二进制位的问题。由于位运算直接对内存数据进行操作，不需要转成十进制，因此处理速度非常快。

【知识点 11】位运算及位运算赋值操作

- 取反运算：~。
- 左移运算：<<、<<=。
- 右移运算：>>、>>=。
- 按位与运算：&、&=。
- 按位或运算：|、|=。
- 按位异或运算：^、^=。

9.2 习题参考解答

1. 选择题

（1）C　　　（2）B　　　（3）A　　　（4）B　　　　（5）C　　　（6）B
（7）D　　　（8）D　　　（9）B　　　（10）C　　　　（11）D　　　（12）C
（13）C　　　（14）A　　　（15）B　　　（16）A　　　　（17）D　　　（18）C
（19）A　　　（20）① C　② A　③ C　④ B　⑤ B

2. 填空题

（1）rewind()　或　fseek()
（2）(!feof(fp))或(feof(fp)==0)
（3）while(fgetc(fp)!= '\n')　　　lin=j
（4）3　　　　!feof(f1)或 feof(f1)==0
（5）fname　　　fp
（6）0xf0　或　11110000
（7）不能
（8）按位与　　　取地址
（9）4
（10）14
（11）1
（12）–17
（13）64
（14）4
（15）0　　　707　　　–1

3. 编程题

（1）参考源程序如下：

```
#include <io.h>
#include <stdio.h>
#include <fcntl.h>
int type(const char* filename);
int main(int argc,char *argv[])
{
  int i;
  if(argc<2)
  {
    printf("The syntax of the command is incorrect.\n");
    return-1;
  }
    /*把所有参数逐一输出*/
  for(i=1;i<argc;i++)
```

```
        {
            if(type(argv[i])==0 )
            perror(argv[i]);
        }
    return 0;
}
/*
    函数功能：把文件 filename 输出到 stdout。
    函数返回值：非 0 表示成功，否则出错
*/
int type(const char* filename)
{
    #define BUF_SIZE   1024
    int fh,rtn,val=1;
    char buf[BUF_SIZE];
    fh=open(filename,O_RDONLY|O_TEXT);
    if(fh==-1)
        return 0;
    while((rtn=read(fh,buf,BUF_SIZE-1))>0)
    /*BUF_SIZE-1 为'\0'留个空间*/
    {
        buf[rtn]='\0';  /*字符串终结符*/
        printf(buf);
    }
    if(rtn==-1)
        val=0;
    close(fh);
    #undef BUF_SIZE
    return val;
    }
}
```

（2）参考源程序如下：

```
#include <stdio.h>
void main()
{
    FILE *fp;           /*定义一个文件指针*/
    int i;
    double a[10];
    if((fp=fopen("data.txt","wb+"))==NULL)
    {
        printf("file can not open, press any key to exit!\n");
        getch();    /*从键盘上任意输入一字符，结束程序*/
        exit(1);
```

```
    }
    for(i=0;i<10;i++)
        scanf("%lf",&a[i]);
    for(i=0;i<10;i++)
        fwrite(a+i,sizeof(double),1,fp);
    printf("\n");
    rewind(fp);
    fread(a,sizeof(double),10,fp);
    for(i=0;i<10;i++)
        printf("%f\n",a[i]);
    printf("\n");
    fclose(fp);
}
```

9.3　典型案例精解

【案例 9.1】函数（　　　）用于文件的格式输入。

A．read()　　　　　　　B．fread()　　　　　　C．scanf()　　　　　　D．fscanf()

【答案】D

【解释】fscanf()函数用于文件格式化，scanf()函数用于标准输入设备的格式化输入。

【案例 9.2】函数 fseek()用于（　　　）。

A．查找文件　　　　　B．定位文件指针　　　C．查找字符　　　　　D．定位文件开始位置

【答案】B

【解释】fseek()函数用于定位文件指针。

【案例 9.3】在 C 语言中，要求运算数必须是整型的运算符是（　　　）。

A．%　　　　　　　　　B．/　　　　　　　　　C．<　　　　　　　　　D．!

【答案】A

【解释】本例的考查点是运算符。题目的 4 个选项中，B、C、D 都不要求运算数必须为整数，参与模运算（%）的运算数必须是整型数据。所以选择 A。

【案例 9.4】执行下面的程序段：

```
int x=35。
char z='A';
int B;
B=((x&15)&&(z<'a'));
```

则 B 的值为（　　　）。

A．0　　　　　　　　　B．1　　　　　　　　　C．2　　　　　　　　　D．3

【答案】B

【解释】本例的考查点是逻辑与及位与运算。从整个表达式来看是个逻辑表达式，而与运算符"&&"的右边的子表达式中由于 z 的值为"A"，而 A 的 ASCII 码的值小于 a 的 ASCII 码值，所以这个子表达式的值为真，即 1。在与运算符"&&"的左边的子表达式是个基于位运算的子表达式，将

x 的值与 1 5 做位与运算，表达式值不为零，所以两个子表达式的与值应当为 1。所以选择 B。

【案例 9.5】设 a、b 和 c 都是 int 型变量，且 a=3，b=4，c=5，则下面的表达式中，值为 0 的表达式是（　　）。

A. 'a'&&'b'　　　　　　B. a<=b　　　　　　C. a||+c&&b-c　　　　　　D. !((a<b)&&!c|||)

【答案】D

【解释】选项 A：'a'&&'b'是字符 a 与 b 的相与，故不为 0。

选项 B：a<=b，由例中变量赋值可知，结果为 1。

选项 C：a||+c&&b-c，此表达式先做算术运算 b-c，结果为-1。而+c 属于单目运算符，由于 c 初值为 5，经过单目运算符运算后，还是 5。再进行逻辑与的运算，即 5&&-1 结果为 1（因为 C 语言中除 0 代表假外，其他任一个数都代表真），最后 a||1，结果为 1。

选项 D：!((a<B)&&I c||1)，此表达式先运算最外面括号内的表达式(a<b)&&!c|1，然后进行非运算，由于(a<b)&&! c|1 中先算小括号内的 a<b 结果为 1，再按逻辑运算符的运算顺序：!，&&，||，进行运算后得(a<b)&&! c|1 的值为 1，所以最后进行非运算知 D 选项的运算结果为 0。

【案例 9.6】下列程序把从终端读入的文本（用@作为文本结束标志）输出到一个名为 bi.dat 的新文件中。请填空。

```c
#include <stdio.h>
FILE *fp;
main()
{
    char ch;
    if((fp=fopen(_____))==NULL)exit(0);
    while((ch=getchar())!='@')fputc(ch,fp);
    fclose(fp);
}
```

【答案】"bi.dat","w"或"bi.dat","w+"或"bi.dat","r+"

【解释】本例的考点是 fopen()函数，此函数的格式是：

fopen(文件名,使用文件方式)

本例的要求是将从键盘读入的文本写到文件中，因此选择的打开方式应该是"w"(只写)。或者是读写"r+"或"w+"。

【案例 9.7】通过以下输入语句使 a=5.0，b=4，c=3，则输入数据的形式应该是（　　）。

```c
int b,c; float a;
scanf("%e%d,c=%d",&a,&b,&c);
```

【答案】5.0,4,c=3

【解释】scanf(格式控制,地址表列)，如果在"格式控制"字符串中除了格式说明以外还有其他字符，则在输入数据时应输入与这些字符相同的字符。所以此题中输入数据的形式是 5.0,4,c=3。

【案例 9.8】下列程序段打开文件后，先利用 fseek()函数将文件位置指针定位在文件末尾，然后调用 ftell()函数返回当前文件位置指针的具体位置，从而确定文件长度，完成以下填空。

```c
#include <stdio.h>
main()
{
```

```
    FILE  *myf;
    long fl;
    myf=            ("D:\\test.t","rb");
    fseek(myf,0,SEEK_END);
    fl=ftell(myf);
    fclose(myf);
    printf("%ld\n",fl);
}
```

【答案】fopen

【解释】C 语言中的文件分为 ASCII 文件与二进制文件。文件在使用前打开，使用后要关闭。打开文件的函数为 fopen()，调用形式为 fp=fopen("文件名","使用文件方式");。关闭文件的函数为 fclose()，调用形式为 fclose(fp);，其中 fp 为文件指针。

【案例 9.9】下列程序的输出结果是（　　　）。

```
main()
{  int a=0;
    a+=(a=8);
    printf("%d\n",a);
    getch();
}
```

【答案】16

【解释】本例的关键是运算符的优先级。a+=(a=8)可以写成 a=a+(a=8)的形式，括号的优先级高于"+"，而"+"的优先级又高于"="，所以先执行括号内的运算，将 a 赋值为 8，然后再执行+运算。

【案例 9.10】若 a=10，b=20，则表达式!(a<b)的值是（　　　）。

【答案】0

【解释】已知 a=10，b=20，所以逻辑表达式 a<b 的值为 true，即为 1，在这个表达式前面有一个逻辑运算符!，表示反操作，所以整个语句的值应当为 false，即为 0。

9.4　实验操作题

【实验一】文件的基本操作

1.　实验目的

① 理解文件的概念。

② 掌握文件的打开和关闭操作。

③ 掌握文件的读写处理函数的使用。

2.　实验内容

（1）文件的打开与关闭。

```
#include <stdio.h>
main()
{
```

```
    FILE *fp;
    if((fp=fopen("li.txt","r"))==NULL)
    {
        printf("\nCan not find li.txt");
        exit(1);
    }
    else
    printf("li.txt is open");
    fclose(fp);
}
```

程序运行结果为_____。

说明：

① 在 C 语言中，fopen()函数是用于打开文件的标准库函数，其调用的一般格式为：

```
FILE *fp;
fp=fopen(filename,mode);
```

② 在该程序中，filename 是 li.txt（一个已存在的文件），mode 是 r，表示用"r"方式打开文本文件 li.txt。

③ 对文件操作的最后一步是关闭文件，否则在程序退出后会产生不可预知的后果。在该程序中关闭文件对应的语句是 fclose(fp)。

④ exit()函数的功能是：终止正在执行的程序，将文件关闭并返回操作系统。

⑤ 在文件目录查看有没有"li.txt"文件，若没有新建一个"li.txt"，文件才能打开。

（2）将字符写入指定的文件。

```
#include <stdio.h>
main()
{
    FILE *fp;
    char x,y;
    scanf("%c%c",&x,&y);
    if((fp=fopen("li.txt","w"))==NULL)
    {
        printf("\nCan not create li.txt");
        exit(1);
    }
    else
    {
        fputc(x,fp);
        fputc(y,fp);
    }
    fclose(fp);
}
```

程序运行时输入数据：

AB<回车>

程序运行结果为_____。

说明：

① 在 C 语言中，fputc()函数的一般格式为：

```
int fputc(char ch,FILE *fp);
```

该函数的功能是：将字符 ch 输出到 fp 指向的文件中。

② 在该程序中 fputc(x,fp)语句的含义是：将字符 x 输出到 fp 指向的 li.txt 文件中。

③ 打开 li.txt 文件进行查看。

（3）从指定的文件中将字符读出。

```
#include <stdio.h>
main()
{
    FILE *fp;
    char ch;
    if((fp=fopen("li.txt","r"))==NULL)
    {
        printf("\nCan not open li.txt");
        exit(1);
    }
    while((ch=fgetc(fp))!=EOF)
    {
        putchar(ch);
    }
    fclose(fp);
}
```

程序运行结果为_____。

说明：

① 在 C 语言中，fgetc( )函数的一般格式为：

```
int fgetc (FILE *fp);
```

该函数的功能是：从 fp 所指向的文件中获取下一个字符。

② 在该程序中 ch=fgetc(fp)语句的含义是：从 fp 所指向的 li.txt 文件中读出一个字符，并将该字符赋给变量 ch。当读取正确时，返回该字符。当读取错误或遇到文件结束标志 EOF 时，返回 EOF。

（4）将字符串写入指定的文件。

```
#include <stdio.h>
main()
{
    FILE *fp;
    int i;
    char x[][10]={"I\n","love\n","China\n"};
    if((fp=fopen("li.txt","w"))==NULL)
```

```
    {
        printf("\nCan not open li.txt");
        exit(1);
     }
    for(i=0;i<3;i++)
    {
        fputs(x[i],fp);
    }
    fclose(fp);
}
```

程序运行结果为_____。

说明：

① 在 C 语言中，fputs( )函数的一般格式为：

```
int fputs(char *str,FILE *fp);
```

该函数的功能是：把 str 所指向的字符串输出到 fp 所指定的文件中。

② 在该程序中，用 for 语句将字符串通过 fputs()函数写入文件 li.txt 中。

③ 若想查看文件 li.txt 内容，可找到文件直接打开或在可在 DOS 状态下利用 type 命令实现。

（5）将字符串从指定的文件中读出。

```
#include <stdio.h>
main()
{
    FILE *fp;
    int i;
    char x[3][10];
    printf("\nRunning");
    if((fp=fopen("li.txt","r"))==NULL)
    {
        printf("\nCan not open li.txt");
        exit(1);
    }
    for(i=0;i<3;i++)
    {
        fgets(x[i],10,fp);
        puts(x[i]);
    }
    fclose(fp);
}
```

程序运行结果为_____。

说明：

① 在 C 语言中，fgets()函数的一般格式为：

```
char *fgets(char *buf,int n,FILE *fp);
```

该函数的功能：从 fp 所指向的文件中读取一个字符串，其长度为 n−1，将该字符串存入初始地址为 buf 的存储空间中。

② 在该程序中，fgets(x[i],10,fp)语句的含义是：从 fp 所指向的文件 li.txt 中，读取 9 个字符，并存入字符串指针 x[i]中。

【实验二】位运算的基本操作

1. 实验目的

① 理解"位逻辑"运算的概念和种类。

② 掌握按位与、按位或、按位异或和按位取反运算。

③ 掌握左移和右移位运算。

2. 实验内容

（1）"按位与、按位或、按位异或"运算。

```
main()
{
    unsigned int x=0x1234, y=0xf0f0,z,m,n;
    z=x&y;
    printf("%x,%x,%x\n",x,y,z);
    m=x|y;
    printf("%x,%x,%x\n",x,y,m);
    n=x^y;
    printf("%x,%x,%x\n",x,y,n);
}
```

程序运行结果为_____。

说明：

① 在该程序中，&、| 和∧分别为按位与、按位或和按位异或运算符。

② "按位与"运算：参加运算的两个数据，若其对应的位都是 1，则该位的结果为 1，否则为 0。"按位或"运算：参加运算的两个数据，若其对应的位有一个是 1，则该位的结果为 1，否则为 0。"按位异或"运算：参加运算的两个数据，若其对应的位有相同的值，则该位的结果为 0，否则为 1。

（2）"按位取反"运算。

```
main()
{
    unsigned char x, y;
    x=0x41;
    y=~x;
    printf("x=%x,y=%x\n",x,y);
}
```

程序运行结果为_____。

说明：

① 在该程序中，~为按位取反运算符，其运算量只有一个。

② "按位取反"运算：用于把一个二进制数按位将 0 变 1，1 变 0。

（3）左移和右移位运算。

```
main()
{
    unsigned int x,y;
    x=0xabcd;
    y=x<<3;
    printf("x=%x,y=%x\n",x,y);
    y=x>>4;
    printf("x=%x,y=%x\n",x,y);
}
```

程序运行结果为_____。

说明：

① "<<"和">>"分别为左移位运算符和右移位运算符。

② 右移位运算时，对于左端空出的位，若为无符号数右移，则补 0。若为补码表示的有符号数右移，当是逻辑右移时，左端空出的位补 0，当是算术右移时，正数右移，左端空出的位补 0。负数右移，左端空出的位补 1。Turbo C 采用的是算术右移。

③ 在该程序中，x<<3;表示将变量 x 的各个二进制位顺序左移 3 位，右端空出的位补 0，左端移出的位舍去。x>>4;表示将变量 x 的各个二进制位顺序右移 4 位，右端移出的位舍去，左端空出的位补 0。

（4）位运算赋值运算符的使用。

```
main()
{
    unsigned x=0xf0ab, y=0x1234;
    x&=y;
    printf("x=%x,y=%x\n",x,y);
    x|=y;
    printf("x=%x,y=%x\n",x,y);
    x^=y;
    printf("x=%x,y=%x\n",x,y);
    x=0xf0ab;
    y=3;
    x>>=y;
    printf("x=%x,y=%x\n",x,y);
    x<<=y;
    printf("x=%x,y=%x\n",x,y);
}
```

程序运行结果为_____。

说明：

① 位操作运算符可以和赋值运算符组成位运算赋值运算符，它们是 5 个复合赋值运算符：&=、|=、∧=、>>=、<<=。

② 位运算赋值运算的过程为：先进行两个操作数的位运算，然后把结果赋值给第一个操作数。注意，第一个操作数必须是变量。

9.5 附 加 习 题

一、选择题

1. 在 C 语言中，对文件的存取以（   ）为单位。

A. 记录　　　　　　　B. 字节　　　　　　　C. 元素　　　　　　　D. 簇

2. 以下的变量表示文件指针变量的是（   ）。

A. FILE *fp　　　　　B. FILE fp　　　　　　C. FILER *fp　　　　　D. file *fp

3. 在 C 语言中，以下对文件的叙述正确的是（   ）。

A. 用"r"方式打开的文件只能向文件写数据

B. 用"R"方式也可以打开文件

C. 用"w"方式打开的文件只能用于向文件写数据，且该文件可以不存在

D. 用"a"方式可以打开不存在的文件

4. 在 C 语言中，当文件指针变 fp 已指向"文件结束"时，函数 feof(fp)的值是（   ）。

A. .t.　　　　　　　B. .F.　　　　　　　C. 0　　　　　　　　D. 1

5. 在 C 语言中，若按照数据的格式划分，文件可分为（   ）。

A. 程序文件和数据文件　　　　　　　B. 磁盘文件和设备文件

C. 二进制文件和文本文件　　　　　　D. 顺序文件和随机文件

6. 若 fp 是指向某文件的指针，且已读到该文件的末尾，则 C 语言函数 feof(fp)的返回值是（   ）。

A. EOF　　　　　　　B. −1　　　　　　　C. 非零值　　　　　　D. NULL

7. 以下函数，一般情况下，功能相同的是（   ）。

A. fputc()和 putchar()　　　　　　B. fwrite()和 fputc()

C. fread()和 fgetc()　　　　　　　D. putc()和 fputc()

8. 已知 char a=15，则~a、−a、!a 的整型值分别是（   ）。

A. 240,−15,0　　　　B. −16,−15,0　　　　C. 0,−15,240　　　　D. 0,−15,0

9. 下列程序的输出结果是（   ）。

```
main()
{
    int x=0.5;char  z='a';
    printf("%d\n",(x&1)&&(z<'z'));
}
```

A. 0　　　　　　　　B. 1　　　　　　　　C. 2　　　　　　　　D. 3

10. 整型变量 x 和 y 的值相等且为非 0 值，则以下选项中，结果为零的表达式是（   ）。

A. x || y　　　　　　B. x | y　　　　　　C. x & y　　　　　　D. x ^ y

11. 下列程序的输出结果是（   ）。

```
main()
{
    char  x=040;
    printf("%o\n",x<<1);
}
```

A. 100 　　　　　　B. 80 　　　　　　C. 64 　　　　　　D. 32

12. 有以下程序：

```
main()
{
    unsigned char a,b,c;
    a=0x3;b=a|0x8;c=b<<1;
    printf("%d %d\n",b,c);
}
```

程序运行后的输出结果是（　　　　）。

A. －11 12 　　　　B. －6 －13 　　　C. 12 24 　　　D. 11 22

二、填空题

1. 有一磁盘文件，第一次将它显示在屏幕上，第二次把它复制到另一文件中，请完成以下填空。

```
#include <stdio.h>
main()
{
    FILE *fp1,*fp2;
    fp1=fopen("file1.c","r");
    if(!fp1)
    {
        printf("Can't  open file  file1.c");
        exit(0);
    }
    fp2=fopen("file2.c", "w");
    if(!fp2)
    {
        printf("Can't  open file  file2.c");
        exit(0);
    }
    while(!feof(fp1)) putchar(getc(fp1));
    _____;
    while (!feof(fp1)) putc(_____ ,fp2);
    fclose(fp1);
    fclose(fp2);
}
```

2. 下列程序将用户从键盘上随机输入的 30 个学生的学号、姓名、数学成绩、计算机成绩、及总分写入数据文件 score.txt 中，假设 30 个学生的学号为 1～30 连续。输入时不必按学号顺序进行，程序自动按学号顺序将输入的数据写入文件。在程序中的空白处填入一条语句或一个表达式。

```
#include <stdio.h>
FILE  *fp;
main()
{
    struct st
    {
        int  number;
        char  name[20];
        float  math;
        float  computer;
        float  total;
    } student;
    int  i,j;
    if((fp=fopen("score.txt","wb+"))==NULL)
    {
        printf("file  open  error\n");
        exit(1);
    }
    for(i=0;i<30;i++)
    {
        scanf("%d,%20s,%f,%f",&student.number,student.name,
        &student.math,&student.computer);
        student.total=student.math+student.computer;
        j=student.number-1;
        _____;
        if(fwrite(&student,sizeof(student),1,fp)!=1)
        printf("write file error\n");
    }
    fclose(fp);
}
```

3. 函数调用 ferror(fp)的返回值是_____，表示所 fp 指向的文件最近一次操作没有出现错误。

4. 语句 printf("%d \n",12 &012);的输出结果是_____。

5. 下列程序的输出结果是_____。

```
main()
{
    int x=3,y=2,z=1;
    printf("%s=%d\n","x/y&z",x/y&z);
    printf("%s=%d\n","x^y&~z", x^y&~z);
}
```

6. 下列程序的输出结果是_____。

```
char a=222;
a=a&052;
printf("%d,%o\n",a,a);
```

7. 有下列程序段：

```
int a=3,b=4;
a=a^b; b=b^a; a=a^b;
```

执行以上语句后，a 和 b 的值分别是＿＿＿＿＿＿。

8. 下列程序的输出结果是＿＿＿＿＿＿。

```
main()
{
  unsigned int x=3,y=10;
  printf("%d\n",x<<2|y>>1);
}
```

9. 下列程序中 c 的二进制值是＿＿＿＿＿＿。

```
char a=3,b=6,c;
c=a^b<<2;
```

10. 下列程序段的功能是＿＿＿＿＿＿。

```
#include <stdio.h>
main()
{
    char s1;
    s1=putc(getc(stdin),stdout);
}
```

11. 如果要将存放在双精度型数组 a[10]中的 10 个双精度型实数写入文件型指针 fp1 指向的文件中，正确的语句是＿＿＿＿＿＿。

12. 下列程序的主要功能是＿＿＿＿＿＿。

```
#include <stdio.h>
main()
{
    FILE *fp;
    long count=0;
    fp=fopen("q1.c","r");
    while(!feof(fp))
    {
        fgetc(fp);count++;
    }
    printf("count=%ld\n",count);
    fclose(fp);
}
```

13. 下列程序的主要功能是＿＿＿＿＿＿。

```
#include <stdio.h>
main()
```

```
{
    FILE *fp;
    float x[4]={-12.1,12.2,-12.3,12.4};
    int i;
    fp=fopen("data1.dat","wb");
    for(i=0;i<4;i++)
    {
        fwrite(&x[i],4,1,fp);fclose(fp);
    }
}
```

14. 设文件 file1.c 已存在，且有如下列程序段，则下列程序段的功能是_____。

```
#include <stdio.h>
main()
{
    FILE *fp1;
    fp1=fopen("file1.c","r");
    while(!feof(fp1))
        putchar(getc(fp1));
}
```

15. 下列程序执行时输入 2013，输出的结果是_____。

```
main()
{
    unsigned char a,b;
    scanf("%x",&a);
    b=a<<2;
    printf("%x\n",b);
}
```

16. 取一个整数 a 从右端开始的 4~7 位，程序如下：

```
main()
{
    unsigned a,b,c,d;
    scanf("%o",&a);
    b=a>>4;
    c=~(~0<<4);
    d=b&c;
    printf("%o,%o\n",a,d);
}
```

若输入 a 的值为 888，则输出为_____。

第 1 章

一、选择题

1. D   2. B   3. A   4. C   5. B   6. C   7. D   8. D

9. B   10. A   11. B   12. D   13. A   14. D   15. B   16. D

17. B   18. B   19. B   20. C   21. C   22. D   23. C   24. C

25. D

二、填空题

1. main()   2. 0436   3. 0x5334

4. 2.500000   5. 先定义，后使用

6. { }   说明语句   执行语句

7. 十   八   十六   8. c-32

9. c-48 或 c-'0'   10. 4.00000   11. 3.500000

12. 11   12   13. 4.200000   4.200000

14. int   float   double   15. 存储单元

16. 说明   执行

17. 1\abc\def   18. 键盘输入一个字符

19. 123   45   '6'

20. 1112

三、判断题

1. ×   2. √   3. √   4. ×   5. ×   6. √   7. ×   8. ×   9. ×

10. ×   11. ×   12. √   13. ×   14. √   15. √   16. ×   17. √

四、程序阅读题

1. a= -3   2. 7

     b='D'

     "end"

3. 13.700000   4. 11,   1,   1,

5. x1= 6.00   x2= 0.67   6. CD

7.　a

　　b'

　　\c\

8.　27.000000

五、程序填空题

1.　PI 3.14159　　　scanf("%f",&r)　　　s=PI*r*r　　　printf("s=%f\n",s)

2.　int t　　scanf("%d%d%d", &a, &b, &c)　　　t=a　　c=t

3.　&a, &b　　b　　a−b　　b

第 2 章

一、选择题

1.　B　　2.　A　　3.　A　　4.　A　　5.　B　　6.　D　　7.　D

二、填空题

1.　100

2.　The program's name is c:\tools books.txt

3.　a=1,b=2

4.　a=1234　b=5

5.　0

6.　G

三、程序阅读题

1.　d, 101

2.　112　42

　　106　47　−190　31　4

3.　char: 1 byte

　　int: 2 byte

　　long: 4 byte

　　float: 4 byte

　　double: 8 byte

4.　1256

5.　4,3,4

6.　1,1,3

7.　9.300000

四、程序填空题

1.　a=b　　b=c

2.　&x,&y,&z　　(max>z)?max:z

3.　ch=ch−32　　ch

4. ch=ch+32   ch

第 3 章

一、选择题

1. D   2. C   3. B   4. D   5. A   6. D   7. D   8. A
9. C   10. C   11. A   12. B   13. B   14. D   15. A   16. C
17. C   18. C   19. B   20. B   21. C   22. B   23. D   24. B
25. A   26. C   27. A   28. B

二、填空题

1. 1   2. 2 1   3. yes   4. 1   5. 10,0
6. 32   7. 0   8. 1

第 4 章

一、选择题

1. A   2. D   3. D   4. B   5. B   6. B   7. C   8. C
9. A   10. A   11. A   12. D   13. D   14. A   15. B   16. B
17. B   18. D   19. A   20. C   21. C   22. C   23. B   24. B
25. C   26. D   27. B   28. D   29. A   30. A   31. A   32. D
33. C   34. C   35. B   36. C   37. C   38. D   39. B   40. A
41. B   42. A   43. B   44. B   45. B   46. D   47. B   48. C
49. B   50. B   51. A

二、填空题

1. 1 3 2   2. 17   3. 52   4. 4321   5. b=i+1
6. i<10   i%3!=0   7. 10   8. −1   9. 16

第 5 章

一、选择题

1. A   2. D   3. D   4. A   5. B   6. C7. D   8. C
9. D   10. C   11. C   12. A

二、填空题

1. 120

2. str[n++]=str[m];   str[n]= '\0';

三、编程题

1. 参考程序如下：

```c
#include <stdio.h>
int divisor(int a,int b)
{
    int r;
    while((r=a%b)!=0)
    {   a=b;
        b=r;
    }
    return b;
}
int multiple(int a,int b)
{
    int d;
    d=divisor(a,b);
    return a*b/d;
}
void main()
{
    int a,b,c,d;
    printf("intput (a,b) :   ");
    scanf("%d,%d",&a,&b) ;
    c=divisor(a,b);
    d=multiple(a,b);
    printf("\ndivisor=%d\t\tmultiple=%d",c,d);
}
```

运行结果：

input(a,b): 4 11✓

divisor=1   multiple=44

2. 参考程序如下：

```c
#include <stdio.h>
void tongji(char a[])
{
    int b[3]={0,0,0},i=0;
    while(a[i]!='\0')
    {
        if((a[i]<=90&&a[i]>=65)||(a[i]<=122&&a[i]>=97))
            b[0]++;
        else
            if(a[i]<=57&&a[i]>=48)
            b[1]++;
        else
            b[2]++;
        i++;
```

```
    }
    printf("zimu have: %d; shuzi have: %d; qita have: %d",b[0],b[1],b[2]);
    getch();
}
void main()
{
    char a[100];
    printf("Please input a string:   ");
    gets(a);
    tongji(a);
}
```

3. 参考程序如下：

```
#include <stdio.h>
int flower(int n)
{
    int x=0,i,j,k;
    i=(n%10);
    j= (n/10%10);
    k=(n/100);
    x=i*i*i+j*j*j+k*k*k;
    if(x==n)  return 1;
    else
        return 0;
}
void main()
{
    int i,n;
    printf("Please intput n:  ");
    scanf("%d",&n);
    if(n>999||n<100)printf("Input error!!!");
    else
    {
        for(i=100;i<n;i++)
            if(flower(i))printf("%d   ",i);
    }
    getch();
}
```

4. 参考程序如下：

```
#include <stdio.h>
#define SWAP(a,b)  t=b;b=a;a=t;
main()
{
    float x,y,t;
```

```
printf("Enter two number (x,y):   ");
scanf("%f,%f",&x,&y);
SWAP(x,y);
printf("\n\nExchanged:x=%f,y=%f",x,y);
getch();
}
```

第 6 章

一、选择题

1. C　　　2. C　　　3. D　　　4. A　　　5. A　6. C　　　7. C　　　8. B

9. D　　　10. A　　　11. A　　　12. D　　　13. A　14. C　　15. A　　16. B

17. B　　　18. C

二、填空题

1. −850,2,0

2. Pascal

3. 9　　0

4. 12

5. 18

三、编程题

1. 定义一个 score[50][5]数组，score[0]、score[2]分别存储 3 门课程的分数，score[3]和 score[4] 分别存储计算出来的总分和平均分；定义 total 和 avg 两个长度为 3 的一维数组，分别存放 3 门课程的总分和平均分。

参考程序如下：

```
void main()
{
    int score[50][5],total[3],avg[3];
    int i,j,n;
    printf("Number of students : ");
    scanf("%d",&n);
    printf("input score:\n");
    for(i=0;i<n;i++)
    {
        printf("student %d : ",i+1);
        scanf("%d%d%d",&score[i][0],&score[i][1],&score[i][2]);
    }
    for(i=0;i<n;i++)
    {
        score[i][3]=0;
        for(j=0;j<3;j++)
```

```
            score[i][3]=score[i][3]+score[i][j];
        score[i][4]=score[i][3]/3;
    }
    for(j=0;j<3;j++)
    {
        total[j]=0;
        for(i=0;i<n;i++)
            total[j]=total[j]+score[i][j];
        avg[j]=total[j]/n;
    }
    printf("\nnum\tchinese\tmath\tenglish\ttotal\taverage\n");
    for(i=0;i<n;i++)
    {
        printf("%d\t",i+1);
        for(j=0;j<5;j++)
            printf("%d\t",score[i][j]);
        printf("\n");
    }
    printf("\ntotal:\t");
    for(i=0;i<3;i++)
        printf("%d\t",total[i]);
    printf("\naverage:");
    for(i=0;i<3;i++)
        printf("%d\t",avg[i]);
    printf("\n");
    getch();
}
```

2. 使用一维数组 a 存储学生的成绩，然后用 for 循环进行判定求值。

参考程序如下：

```
void main()
{
    int i;
    float a[10],min,max,avg;
    printf("输入 10 个学生的成绩:\n");
    for(i=0;i<=9;i++)
    {
        printf("第%f 个学生成绩: ",i+1);
        scanf("%f",&a[i]);
    }
    min=max=avg=a[0];
    for(i=1;i<=9;i++)
    {
        if(min>a[i])  min=a[i];
```

```
            if(max<a[i])  max=a[i];
            avg=avg+a[i];
        }
        avg=avg/10;
        printf("最高分: %f 最低分: %f 平均分: %f",max,min,avg);
    }
```

3. 采用辗转相除法进行进制之间的相互转换，将结果存储在一维数组 num 中，最后显示其值即可。

参考程序如下：

```
void main()
{
    int i=0,base,n,j,num[20];
    printf("输入一个十进制数: ");
    scanf("%d",n);
    printf("输入要转换的进制: ");
    scanf("%d",base);
    do
    {
        i++;
        num[i]=n%base;
        n=n/base;
    }
    while(n!=0);
    printf("转换的结果: ");
    for(j=i;j>=1;j--)
        printf("%d",num[j]);
    printf("\n");
}
```

4. 用一个中间字符数组 s3 存放插入后的结果。先将 s1[0]～s1[n-1]复制到 s3 中，再将 s2 复制到 s3 中，最后将 s1[n]到末尾的字符复制到 s3 中。

参考程序如下：

```
#define N 100
void main()
{
    int n,i,j,k;
    char s1[N],s2[N],s3[2*N];
    printf("主串: ");
    scanf("%s",s1);
    printf("子串: ");
    scanf("%s",s2);
    printf("起始位置: ");
    scanf("%s",n);
```

```
for(i=0;i<n;i++)
    s3[i]=s1[i];
for(j=0;s2[j]!='\0';j++)
    s3[i+j]=s2[j];
for(k=n;s1[k]!='\0';k++)
    s3[j+k]=s1[k];
s3[j+k]='\0';
printf("插入后字符串: %s",s3);
}
```

5. 用字符数组 str 存放一行文字，nstr 存放删去字符 ch 后的新串。扫描 str，若当前字符不等于 ch，则将该字符复制到 nstr 中，如此循环直到 str 扫描完毕。

参考程序如下：

```
#define N 100
void main()
{
    char str[N],nstr[N],ch;
    int i=0,j=0;
    printf("文字");
    scanf("%s",str);
    printf("字符: ");
    scanf("%c",ch);
    while(str[i]!='\0')
    {
        if(str[i]!=ch)
        {
            nstr[j]=str[i];
            j++;
        }
        i++;
    }
    nstr[j]='\0';
    printf("新串: %s",nstr);
}
```

6. 从头开始，每次跳过一个字符扫描字符串 str，输出当前字符。

参考程序如下：

```
#include <string.h>
void main()
{
    char str[]="computer";
    int i;
    for(i=0;i<strlen(str);i=i+2)
        printf("%s",str[i]);
```

```
    printf("\n");
}
```

第 7 章

一、选择题

1. A   2. D   3. B   4. A   5. C   6. B   7. C   8. A

9. D   10. B   11. C   12. B   13. A   14. A   15. A   16. C

17. B   18. A   19. B   20. B   21. B   22. C   23. D   24. B

二、填空题

1. i   q--   *q

2. m+n-1   *s1='\0'

第 8 章

一、选择题

1. B   2. D   3. B   4. C   5. A   6. D   7. A   8. A

9. B   10. C   11. B   12. A   13. B

二、填空题

1. li ning:19

    lang ping:21

    zhu jian hua:20

2. struct stu   stus[i].score

第 9 章

一、选择题

1. B   2. A   3. C   4. D   5. C   6. C   7. D   8. B

9. A   10. D   11. A   12. D

二、填空题

1. rewind(fp1)   getc(fp1)

2. fseek(fp,(long)(j*sizeof(struct st)),0)

3. 0

4. 8

5. x/y&z=1

    x^y&~z=1

6. 10,12

7. a=4,b=3

8.　13

9.　00011011

10.　从键盘输入一个字符,然后在输出到屏幕的同时赋给变量 s1

11.　for(i=0;i<10;i++) fwrite(&a[i],8,1,fp1);

12.　统计文件中的字符数并输出

13.　将数组 x 中的 4 个实数写入文件 data1.dat 中

14.　将文件 file1.c 的内容输出到屏幕

15.　2013,0

16.　7042,2

福建省高等学校计算机应用水平等级考试二级（C 语言）考试大纲

一、考试目的

本考试考查考生以下知识与能力：

（1）掌握 C 语言的基本概念和语法知识。

（2）了解 C 语言程序与函数的结构特点，主函数及程序执行流程。

（3）正确使用顺序、选择、循环 3 种结构，具有结构化程序设计的能力。

（4）掌握常用算法，能运用算法描述工具——流程图。

（5）能使用 Turbo C 集成开发环境，完成源程序的编写、编译、运行与调试程序。

（6）具有综合运用以上知识编写程序，解决计算与数据处理类问题的初步能力。

二、考试内容

1. C 语言基础

（1）C 语言特点（识记）。

（2）C 语言程序基本组成（识记）：

C 语言程序的结构与主函数，程序的书写格式与规范。

（3）基本数据类型：

标识符与基本数据类型（识记）；

常量与变量（领会）；

内存的概念（识记）。

（4）基本输入/输出函数（领会）；

格式输入和格式输出函数；非格式化输入/输出函数。

（5）运算符与表达式（简单应用）：

算术运算，增 1 与减 1 运算，关系运算，逻辑运算，条件运算，位运算，赋值运算，类型转换，逗号运算，长度运算符，运算符的优先级与结合性。

2. 程序控制结构

（1）C 语言的语句（识记）：

C 语言语句的语法及书写规范。

（2）顺序结构（领会）：

程序设计的流程图，程序控制结构中的顺序结构，复合语句。

（3）分支结构（简单应用）：

if 结构、if 结构的多种形式，switch 结构与多分支结构。

（4）循环结构（综合应用）：

当型循环，直到型循环，break 语句与 continue 语句。

3. 构造型数据

（1）数组（综合应用）：

一维数组，字符数组，二维数组。

（2）结构类型：

结构类型的概念，结构类型定义及结构变量说明，结构变量的使用（领会）；

结构变量的初始化，结构数组的初始化（识记）。

（3）联合类型（识记）：

联合类型的概念，联合类型定义和联合变量说明，联合类型的使用。

（4）枚举型（识记）：

枚举型的定义和使用枚举型变量。

（5）typedef 的用途（识记）：

使用 typedef 定义新类型名。

4. 指针

（1）指针与指针变量（识记）：

指针的基本概念，指针变量的定义，指针变量的赋值。

（2）指针运算符（领会）：

地址运算符与指针运算符、间接寻址。

（3）指针与数组（简单应用）：

指针与一维数组，移动指针及两指针相减运算，指针比较，指针与字符串，指针与二维数组。

（4）指针数组与指向指针的指针（识记）：

指针数组，定义指针数组，指针数组的应用，指向指针的指针，定义指向指针的指针变量，指向指针的指针变量的应用。

（5）指针与结构（领会）：

指向结构变量的指针变量，指向结构数组的指针变量。

5. 函数

（1）常见的系统库函数（识记）：

输入/输出函数（stdio.h）：printf()、scanf()、getchar()、putchar()、puts()、gets()；

字符与字符串函数（string.h）：strcpy()、strcat()、strcmp()、strlen()；

简单数学函数（math.h）：sqrt()、fabs()、sin()、cos()、exp()、log()、log10()、pow()。

（2）用户自定义函数（简单应用）：

函数定义、调用和说明，函数返回值，函数参数。

（3）函数之间的数据传递（领会）：

函数数据按数值传递，函数数据按地址传递，利用函数返回值和外部变量进行函数数据传递，结构变量作为函数参数传递。

（4）函数的嵌套调用及递归调用（领会）：

函数的嵌套调用、函数的递归调用。

（5）局部变量与全局变量（识记）：

局部变量与全局变量的定义、初始化及作用范围。

（6）变量的存储类型与变量的初始化（领会）：

局部变量与全局变量的生存期，静态变量与动态变量的定义、初始化、作用范围及生存期。

（7）编译预处理（领会）：

文件包含，无参宏定义。

6.　文件

（1）文件的基本概念，C 语言中的两种文件（识记）。

（2）文件的打开、关闭和文件结束测试，文件的读写，文件的定位（识记）。

7.　算法与编程（综合应用）

（1）用 C 表达式或函数计算相对应的数学表达式。

（2）连加与连乘的计算，级数的计算。

（3）冒泡法排序与选择法排序。

（4）矩阵的简单运算与显示。

（5）字符串操作。

（6）文件编程应用。

8.　使用 Turbo C 集成开发环境调试程序

（1）源程序的编写、编辑与改错（领会）。

（2）集成环境下的求助 Help（识记）。

（3）程序的编译与目标代码的生成（识记）。

（4）程序的调试（综合应用）。

单步运行程序，运行到光标处，断点设置，变量内容的跟踪、显示与修改。

（5）了解 Turbo C 程序的常见错误提示（识记）。

三、考试说明

1.　考试形式

采用无纸化上机考试；

考试环境：Windows 7　简体中文版；

Turbo C 2.0 或以上集成环境（IDE）。

考试时间：90 分钟。

2. 试卷题型结构

（1）选择题（20 小题）　40%。

（2）程序改错题（2 小题）　20%。

（3）程序填空题（2 小题）　20%。

（4）编程题（2 小题）　20%。

福建省高等院校计算机等级考试

第八届考试委员会修订

2009 年 6 月

2018 年全国计算机等级考试二级（C 语言）考试大纲

一、基本要求

（1）熟悉 Visual C++ 6.0 集成开发环境。

（2）掌握结构化程序设计的方法，具有良好的程序设计风格。

（3）掌握程序设计中简单的数据结构和算法并能阅读简单的程序。

（4）在 Visual C++ 6.0 集成环境下，能够编写简单的 C 程序，并具有基本的纠错和调试程序的能力。

二、考试内容

1. C 语言程序的结构

（1）程序的构成，main()函数和其他函数。

（2）头文件，数据说明，函数的开始和结束标志以及程序中的注释。

（3）源程序的书写格式。

（4）C 语言的风格。

2. 数据类型及其运算

（1）C 的数据类型（基本类型，构造类型，指针类型，无值类型）及其定义方法。

（2）C 运算符的种类、运算优先级和结合性。

（3）不同类型数据间的转换与运算。

（4）C 表达式类型（赋值表达式，算术表达式，关系表达式，逻辑表达式，条件表达式，逗号表达式）和求值规则。

3. 基本语句

（1）表达式语句，空语句，复合语句。

（2）输入/输出函数的调用，正确输入数据并正确设计输出格式。

4. 选择结构程序设计

（1）用 if 语句实现选择结构。

（2）用 switch 语句实现多分支选择结构。

（3）选择结构的嵌套。

5. 循环结构程序设计

（1）for 循环结构。

（2）while 和 do…while 循环结构。

（3）continue 语句和 break 语句。

（4）循环的嵌套。

6. 数组的定义和引用

（1）一维数组和二维数组的定义、初始化和数组元素的引用。

（2）字符串与字符数组。

7. 函数

（1）库函数的正确调用。

（2）函数的定义方法。

（3）函数的类型和返回值。

（4）形式参数与实在参数，参数值传递。

（5）函数的正确调用，嵌套调用，递归调用。

（6）局部变量和全局变量。

（7）变量的存储类别（自动、静态、寄存器、外部），变量的作用域和生存期。

8. 编译预处理

（1）宏定义和调用（不带参数的宏，带参数的宏）。

（2）"文件包含"处理。

9. 指针

（1）地址与指针变量的概念，地址运算符与间址运算符。

（2）一维、二维数组和字符串的地址以及指向变量、数组、字符串、函数、结构体的指针变量的定义。通过指针引用以上各类型数据。

（3）用指针作为函数参数。

（4）返回地址值的函数。

（5）指针数组，指向指针的指针。

10. 结构体（即"结构"）与共同体（即"联合"）

（1）用 typedef 说明一个新类型。

（2）结构体和共用体类型数据的定义和成员的引用。

（3）通过结构体构成链表，单向链表的建立，结点数据的输出、删除与插入。

11. 位运算

（1）位运算符的含义和使用。

（2）简单的位运算。

12. 文件操作

只要求缓冲文件系统（即高级磁盘 I/O 系统），对非标准缓冲文件系统（即低级磁盘 I/O 系统）不要求。

（1）文件类型指针（FILE 类型指针）。

（2）文件的打开与关闭（fopen()、fclose()）。

（3）文件的读写（fputc()、fgetc()、fputs()、fgets()、fread()、fwrite()、fprintf()、fscanf()函数的应用），文件的定位（rewind()、fseek()函数的应用）。

三、考试方式

上机考试，考试时长 120 分钟，满分 100 分。

1. 题型及分值

单项选择题 40 分（含公共基础知识部分 10 分）。

操作题 60 分（包括程序填空题、程序修改题及程序设计题）。

2. 考试环境

操作系统：中文版 Windows 7。

开发环境：Microsoft Visual C++ 2010 学习版。

附录 D 　 Visual C++ 6.0 集成开发环境简介

Visual C++ 6.0 是微软公司推出的 Visual Studio 开发工具家族中的一种，是对 C++语言的开发环境的集成。它支持 80%的 C++语法规则，并加入了多种实用工具，能够在提高开发效率的同时，提高程序质量。本附录详细讲述 Visual C++ 6.0 的集成开发环境。

D.1　Visual C++ 6.0 及其开发环境

Visual C++ 6.0 是可视的 C++的 IDE（集成开发环境），它将 C++程序的编辑、编译、调试等功能集成在一起，同时提供了 MFC、ATL 等框架，用户使用此开发工具可以有效地提高开发效率。它分为 3 个版本，分别是标准版、专业版和企业版。本附录以企业版为例介绍其开发环境。

D.1.1　Visual C++ 6.0 的安装

要在 Visual C++ 6.0 环境下进行开发，首先需要安装 Visual C++ 6.0。安装 Visual C++ 6.0 的过程与安装其他常用工具软件的过程是非常相似的，是以向导的形式指导用户安装。其过程如下：

（1）双击安装程序 Setup.exe，弹出欢迎对话框，单击 Next 按钮，弹出许可确认对话框，如图 D-1 所示。

（2）选择 I accept the agreement 单选按钮，单击 Next 按钮，弹出序列号和用户信息确认对话框，如图 D-2 所示。

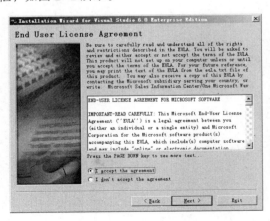

图 D-1　许可确认对话框

图 D-2　序列号和用户信息确认对话框

（3）在 Please enter your product's ID number 文本框中输入序列号，在 Your name 文本框中输入用户名，在 Your company's name 文本框中输入公司名称，单击 Next 按钮，在弹出的虚拟机对话框中选择默认选项。单击 Next 按钮，弹出安装选项对话框，如图 D-3 所示。

（4）选择 Custom 单选按钮，单击 Next 按钮，弹出提示对话框。单击 Continue 按钮，如图 D-4 所示，弹出序列号提示对话框，单击 OK 按钮。系统会查找已经安装的组件，并弹出安装定制选项对话框。

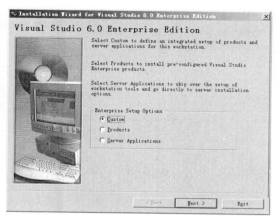

图 D-3　安装选项　　　　　　　　　　图 D-4　安装定制选项

（5）在列表框中，选择 Microsoft Visual C++ 6.0 复选框，单击 Continue 按钮，就正式开始安装 Visual Studio 6.0 开发环境了。

（6）当系统弹出完成提示对话框时，则表示 Visual Studio 6.0 安装成功了，如图 D-5 所示。

为了简便起见，在后面章节中使用 VC 6.0 作为 Visual C++ 6.0 的简写方式。

图 D-5　完成提示对话框

D.1.2　Visual C++ 6.0 开发环境

VC 6.0 的开发环境包括标题栏、菜单栏、工具栏、状态栏和工作区，如图 D-6 所示。

标题栏是 VC 6.0 的标题显示区，包括 VC 6.0 的 Logo、当前操作的工作区或工程的名称，以及最小化 VC 6.0 按钮、还原/最大化 VC 6.0 按钮和关闭按钮。

菜单栏由多个菜单组成，每个菜单又包含子菜单和多个菜单项。VC 6.0 就是通过开发人员调用这些菜单项、执行功能来实现可视化程序开发。

工具栏是具有相同功能的多个菜单项组成的命令栏，其中的工具按钮与菜单栏中的菜单项的功能是相同的，VC 6.0 中包含多个工具栏，如编辑工具栏、SQL 工具栏、文件工具栏等。在本质上，菜单栏的菜单项和工具栏的工具按钮的核心是相同的，只是表现形式不同。

状态栏是 VC 6.0 工作状态的显示区，其主要显示消息和一些有用的信息，如当前正在操作的内容所在的位置、系统当前时间等。

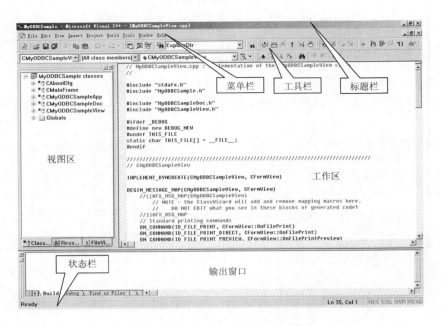

图 D-6　Visual C++ 6.0 的开发环境

　　工作区是用户使用 VC 6.0 的主要工作区域，其主要包括视图区、输出区和编辑区。视图区用于显示类的信息、文件信息和资源信息。输出区则显示程序编译、链接和生成信息以及查找结果和 SQL 执行结果等操作输出信息。编辑区用于存放编辑器，编辑器用于进行源代码、资源等的编辑。

　　VC 6.0 的整个开发环境主要由命令部分、查看部分和编辑部分 3 部分组成。VC 6.0 使用命令部分触发命令，执行要完成的功能；使用查看部分浏览获取信息；使用编辑部分进行内容的编辑。VC 6.0 开发环境的组成如图 D-7 所示。

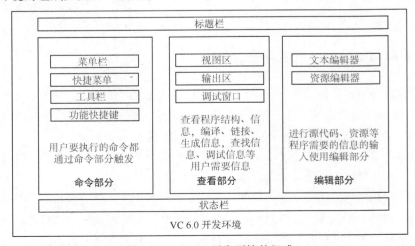

图 D-7　VC 6.0 开发环境的组成

　　图 D-7 中列出了 VC 6.0 开发环境的各个部分。因为 VC 6.0 是运行在 Windows 平台上的，所以其各个组成部分也都可以看作不同种类的对话框，用户在其开发环境中开发时，直观高效，这也是 Visual（可视的）的含义。除了标题栏和状态栏外，其余部分的位置都是可以随意调整的，也称作可浮动对话框。在本附录的后面会分别讲述各个部分。

D.1.3　Visual C++ 6.0 向导

VC 6.0 除了提供了可视的开发环境外，还为用户提供了各种向导，大大简化了应用程序的开发过程，其主要包括工程向导、类向导和向导栏。

（1）工程向导即应用向导。此类向导主要用于快速创建各种工程，为各种工程创建适合的开始文件、资源等信息。VC 6.0 提供的工程向导有 MFC 应用向导（包括 MFC 可执行程序 EXE 向导和 MFC 动态链接库 DLL 向导）、MFC ActiveX 控件向导、ISAPI 扩展向导、ATL COM 应用向导等。VC 6.0 除了提供预定义的工程向导外，还提供了自定义向导，用户可以根据自己的情况，将经常使用的工程格式生成自定义向导，在以后需要使用时可重复使用。在 VC 6.0 中，选择 File|New 命令或使用 Ctrl+N 快捷键，即可弹出 New 对话框，选择 Projects 选项卡，即可使用工程向导。其中，列出了当前开发环境中可用的工程向导，可以根据需要选择合适的工程向导，如图 D-8 所示。

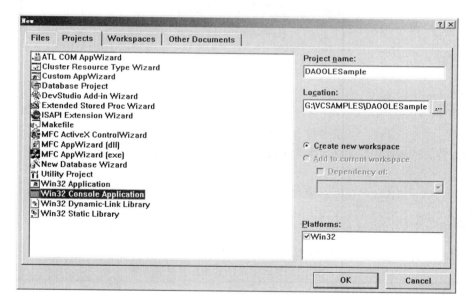

图 D-8　VC 6.0 工程向导

（2）类向导是针对 MFC 和 ATL 库的。使用类向导可以更简单快捷地编写类，如创建新类、定义消息句柄、重载虚函数，并能从对话框、窗体视图、记录视图的控件中搜集数据、为对象增加属性、方法和事件等，这些功能使用类向导来实现能大大减少代码的输入量。在 VC 6.0 中，选择 View|ClassWizard 命令或者使用 Ctrl+W 快捷键即可调用类向导。VC 6.0 类向导如图 D-9 所示。

（3）向导栏是一种导航工具，可以快速定位到类、成员函数和消息，并且提供快捷菜单。它也是工作在 MFC 和 ATL 库上的。VC 6.0 向导栏如图 D-10 所示。

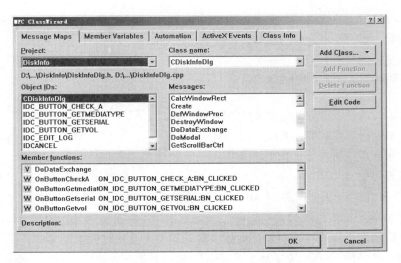

图 D-9　VC 6.0 类向导

图 D-10　VC 6.0 向导栏

D.2　菜　　单

Visual C++ 6.0 中使用命令执行操作，命令分为菜单项和按钮两种。菜单是用于存放菜单项的，菜单栏是用于存放菜单的。快捷菜单是一种特殊的菜单，为用户提供更方便地访问菜单的方法。本节介绍有关菜单的使用，包括菜单栏的使用和定制，以及快捷菜单的使用。

D.2.1　Visual C++ 6.0 主要菜单项

VC 6.0 中的主要功能都有对应的菜单项。掌握这些菜单项的功能和用法，是使用 VC 6.0 进行开发的基础。表 D-1 中列出了 VC 6.0 中的主要菜单项。

表 D-1　Visual C++ 6.0 主要菜单项

菜　单　项	快　捷　键	功　　能
Build 菜单：与生成有关的菜单项		
Build	F7	生成工程
BuildCompile	Ctrl+F7	编译文件
BuildExecute	Ctrl+F5	运行程序
BuildStop	Ctrl+Break	停止生成
DebugGo	F5	启动或继续运行程序
DebugRunToCursor	Ctrl+F10	运行程序到光标行
DebugStepInto	F11	进入下一条语句中

续表

菜 单 项	快 捷 键	功 能
Debug 菜单：与调试有关的菜单项		
DebugGo	F5	启动或继续运行程序
DebugStepInto	F11	跳转到下一条语句中
DebugStepOver	F10	跳过下一条语句
DebugToggleBreakpoint	F9	插入或移除断点
DebugToggleMixedMode	Ctrl+F11	在源代码视图和指令汇编视图间切换
Edit 菜单：与编辑相关的菜单项，如查找、书签等		
BrowseGoToDefinition	F12	显示符号定义
BrowseGoToReference	Shift+F12	显示符号引用
CharLeft	Left Arrow	向左移动光标一个字符
CharLeftExtend	Shift+Left Arrow	选择的内容向左移动一个字符
CharRight	Right Arrow	光标向右移动一个字符
CharRightExtend	Shift+Right Arrow	选择的内容向右移动一个字符
CompleteWord	Ctrl+Space	完成当前语句
Copy	Ctrl+C	将选择的内容放到剪贴板，即复制
Cut	Ctrl+X	剪切选择的内容，并将其移动到剪贴板
DebugBreakpoints	Alt+F9	在程序中修改断点
Delete	Del	删除选择的内容
DeleteBack	Backspace	删除选择的部分，如果没有选择的内容，则删除光标左边的字符
Find	Ctrl+F	查找指定文本
FindNext	F3	查找下一个指定文本
Paste	Ctrl+V	在插入点插入剪贴板的内容
Redo	Ctrl+Y	重做前面未作的动作
SearchIncremental	Ctrl+I	开始一个向前的增量查找
SearchIncrementalBack	Ctrl+Shift+I	开始一个向后的增量查找
SelectAll	Ctrl+A	选择整个文档
Undo	Ctrl+Z	撤销最后一次动作
WindowScrollDown	Ctrl+Up Arrow	滚动文件内容到下一行
WindowScrollUp	Ctrl+Down Arrow	滚动文件内容到上一行
File 菜单：与文件相关的菜单项，如打开、创建、关闭、打印等		
FileGoTo	Ctrl+Shift+G	打开选择文本所在的文件
FileOpen	Ctrl+O	打开已经存在的文档
FilePrint	Ctrl+P	打印所有或部分文档
FileSave	Ctrl+S	保存文档
New	Ctrl+N	创建新文档、工程或工作区

续表

菜　单　项	快　捷　键	功　　能
Insert 菜单：与新建资源处理相关的菜单项		
InsertAcceleratorTable	Ctrl+7	新建快捷键表资源
InsertBitmap	Ctrl+5	新建位图资源
InsertCursor	Ctrl+3	新建光标资源
InsertDialog	Ctrl+1	新建对话框资源
InsertIcon	Ctrl+4	新建图标资源
InsertMenu	Ctrl+2	新建菜单资源
InsertResource	Ctrl+R	新建任何类型的资源
InsertStringTable	Ctrl+8	新建或打开字符串表资源
InsertToolbar	Ctrl+6	新建工具栏资源
InsertVersionInfo	Ctrl+9	新建或打开版本信息资源
Layout 菜单：与布局相关的菜单项		
CheckMnemonicKeys	Ctrl+M	检测资源中多键
ControlHeightDecrease	Shift+Up Arrow	减少选择的控件或对话框一个对话框单元
ControlHeightIncrease	Shift+Down Arrow	增加选择的控件或对话框一个对话框单元
ControlMoveDown	Down Arrow	向下移动选择控件一个对话框单元
ControlMoveLeft	Left Arrow	向左移动选择控件一个对话框单元
ControlMoveRight	Right Arrow	向右移动选择控件一个对话框单元
ControlMoveUp	Up Arrow	向上移动选择控件一个对话框单元
Project 菜单：与工程相关的菜单项		
ProjectSelectTool	Ctrl+Alt+P	激活工程选择工具
ProjectSettings	Alt+F7	修改工程的生成和调试设置
Tools 菜单：与工具相关的菜单项		
Browse	Alt+F12	在选择的对象或当前内容上执行查询
Cancel	Esc	隐藏或取消对话框
MacroPlayQuick	Ctrl+Shift+P	播放快速宏
MacroRecordQuick	Ctrl+Shift+R	启动录制临时宏
View 菜单：与视图相关的菜单项		
ActivateCallStackWindow	Alt+7	激活堆栈调用对话框
ActivateDisassemblyWindow	Alt+8	激活汇编对话框
ActivateMemoryWindow	Alt+6	激活内存对话框
ActivateOutputWindow	Alt+2	激活输出对话框
ActivateRegistersWindow	Alt+5	激活寄存器对话框
ActivateVariablesWindow	Alt+4	激活变量对话框
ActivateWatchWindow	Alt+3	激活监视对话框
ActivateWorkspaceWindow	Alt+0	激活工作区对话框

续表

菜　单　项	快　捷　键	功　　能
ClassWizard	Ctrl+W	类向导，编辑应用程序类，并处理代码资源
Properties	Alt+Enter	编辑当前选择内容的属性
Window 菜单：与对话框相关的菜单项		
WindowDockingView	Alt+F6	对话框是否停靠按钮
WindowHide	Shift+Esc	隐藏对话框
WindowNextPane	F6	激活下一个面板
WindowPrevPane	Shift+F6	激活前一个面板

D.2.2　使用菜单栏

VC 6.0 将类似功能的菜单项放置在同一个菜单中，而将菜单放置在菜单栏上，位于 VC 6.0 开发环境的标题栏的下方，停靠在开发环境的顶部，其外观如图 D–11 所示。

File Edit View Insert Project Build Tools Window Help

图 D–11　VC 6.0 的菜单栏

要执行菜单项命令，首先确定菜单项所在的菜单，单击菜单栏上的相应选项，在出现的菜单上，选择菜单项命令即可。具体的菜单项参见表 D–1 中所列的菜单项。菜单项会根据当前工作内容的改变而发生变化，如当编辑源代码和调试程序时，菜单上的菜单项会发生变化。对于开发人员来说，熟悉这些菜单项的功能及位置，是提高开发速度的非常重要的一方面。

D.2.3　使用快捷菜单

除了通过菜单栏使用菜单项外，VC 6.0 还提供了一种更方便的使用常用菜单项的方法，即快捷菜单。VC 6.0 会根据工作状态，将常用的菜单项整合在一起，当右击工作区时，会弹出与其相对应的快捷菜单。快捷菜单的菜单项与菜单栏中的菜单项的功能是相同的，如图 D–12 所示，其中显示了在代码编辑器中右击弹出的快捷菜单。

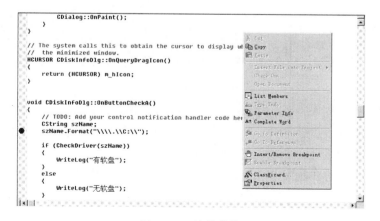

图 D–12　快捷菜单

D.2.4　定制菜单栏

用户可以通过增加、编辑和删除菜单项来定制菜单。用户可以将经常使用的命令增加到菜单中，并从 VC 6.0 中运行它们。具体方法是选择 Tools | Customize 命令，在弹出的对话框中选择 Commands 选项卡，如图 D-13 所示。选择 Category 组合框中的菜单后，拖动 Buttons 选项卡中的按钮进行定制。

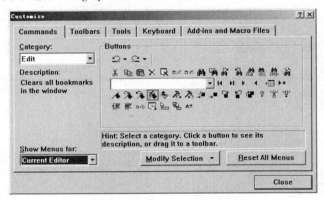

图 D-13　Customize 对话框 Commands 选项卡

D.3　工　具　栏

VC 6.0 中除了提供菜单供用户执行命令外，还提供了更可视化的工具栏。使用工具栏可以快速访问命令。当打开不同的编辑器时，开发环境中会出现不同的工具栏。同时，用户可以根据自己的习惯，定制个性化工具栏。本节就介绍在 VC 6.0 中有关工具栏的使用。

D.3.1　使用工具栏

Visual C++为用户提供了分类的快捷工具栏，方便用户使用。当首次打开 VC 6.0 时，VC 6.0 会在菜单栏下显示标准的工具栏。一旦打开其他编辑器，则对应的工具栏会自动出现，如图 D-14 所示。

图 D-14　VC 6.0 工具栏

实际上，菜单栏是特殊的工具栏，区别在于菜单栏是停靠在界面顶部的，所有菜单都显示在完整的一行中，并且除了在全屏模式下，其他情况不可以隐藏菜单栏。而且，虽然在全屏模式下菜单栏不显示，但是仍然可以通过快捷键来访问菜单。

工具栏上的命令按钮称为按钮，也是完成一定操作的按钮。在 VC 6.0 中，可以自由地使用工具栏，用户可以移动工具栏、调整工具栏的大小、放大工具栏按钮、重置默认的工具栏、显示工具栏的工具提示。

初始情况下工具栏都显示在默认位置，或者最后一次显示的位置。用户可以移动工具栏到合适的位置。在工具栏的按钮之间或者是工具栏的标题栏上按下鼠标左键，拖动工具栏到需要放置的位置，松开鼠标左键。如果将工具栏拖动到 IDE 的对话框，则工具栏会自动停靠到对话框的边上。拖动工具栏的四边可以调整浮动工具栏的大小。

放大工具栏按钮图标的步骤如下：

（1）选择 Tools | Customize 命令，打开 Customize 对话框。

（2）选择 Toolbars 选项卡，如图 D-15 所示。

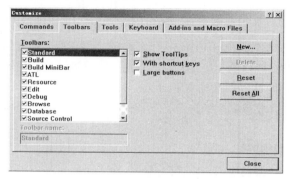

图 D-15　Customize 对话框 Toolbars 选项卡

（3）选择 Large buttons 复选框，就可以将工具栏的图标变大。

（4）单击 Close 按钮关闭对话框。

恢复工具栏默认状态的步骤与放大工具栏的步骤相似，在图 D-15 所示的界面中，单击 Reset 按钮即可。

显示工具栏的工具提示可以帮助初学者了解工具栏上工具按钮的功能。打开此功能后，当鼠标指针划过工具按钮时，会显示一个黄色背景的提示框，其中显示了此工具按钮的作用。其步骤与放大工具栏的步骤相似，在图 D-15 所示界面中，选择 Show ToolTips 复选框即可。

D.3.2　工具按钮和菜单项相结合

工具栏上的工具按钮和菜单上的菜单项功能是相同的，核心都是命令。因此，两者可以结合起来使用，将菜单上的菜单项任意组合到已经存在的工具栏上或新创建的工具栏上。创建新工具栏具体步骤如下所示。

（1）选择 Tools | Customize 命令，打开 Customize 对话框。

（2）选择 Toolbars 选项卡，如图 D-15 所示。

（3）单击 New 按钮，弹出 New Toolbar 对话框，如图 D-16 所示。

（4）在 Toolbar name 文本框中输入新创建的工具栏名称，以创建 SQL 工具栏为例，单击 OK 按钮。

图 D-16　为新创建的工具栏命名

（5）将 Customize 对话框拖动到合适的位置，以便可以看到新创建的工具栏，并选择 Commands 选项卡。

（6）在 Category 组合框中单击想加入到新工具栏中的命令项。

（7）从 Buttons 区域中，将要添加的按钮拖动到新工具栏中。

这样，新的工具栏就创建完成了，同时也将工具按钮和菜单项结合起来了。

D.3.3　多个工具栏的使用

在 VC 6.0 中，工具栏是分类组合工具按钮的，用户可以通过显示或隐藏部分工具栏来选择自己需要的工具栏，以充分利用多工具栏的优势。同时，还可以根据需要重命名工具栏和删除工具栏。

显示或隐藏工具栏的具体步骤与前面放大工具栏的步骤类似，打开图 D-15 所示的对话框，在 Toolbars 列表框中，选择或取消相应工具栏的复选框，就可以控制相应的工具栏是否显示。

重命名自定义工具栏的具体步骤与前面放大工具栏的步骤类似，打开图 D-15 所示的对话框，在 Toolbars 列表框中，选择要重命名的自定义工具栏，并在 Toolbar name 文本框中输入新的工具栏名称。

删除自定义工具栏具体步骤与重命名自定义工具栏的步骤类似，打开图 D-15 所示的对话框，在 Toolbars 列表框中，选择要删除的自定义工具栏，单击 Delete 按钮即可。

注意：系统自带的工具栏是不允许重新命名和删除的。

D.3.4　自定义工具栏

在工具栏上，用户可以根据需要对工具按钮进行分组、向工具栏增加或移除工具按钮、通过修改工具栏中下拉列表框的宽度来实现自定义工具栏。

用户可以通过在工具栏中添加分隔符的方式，将工具栏中的菜单进行分组。步骤与放大工具栏的步骤相似，具体如下：

（1）打开图 D-15 所示的对话框，将对话框拖动到合适的位置，以便可以看到要分组的工具栏。

（2）在要分组的按钮的前面和上面右击，在弹出的快捷菜单中选择 Begin Group 命令。

（3）要取消某个分组，则按照步骤（2），选择 Begin Group 命令，将选择取消，则分组会取消。

（4）按照步骤（2）和步骤（3），重复操作，直到工具栏的分组符合要求，即可完成整个工具栏的分组功能。

增加和删除工具栏按钮的具体步骤如下：

（1）选择 Tools|Customize 命令，打开 Customize 对话框。

（2）选择 Command 选项卡，如图 D-13 所示。将对话框拖动到合适的位置，以便可以看到要分组的工具栏。

（3）在 Category 下拉列表框中选择要分类的按钮，单击 Buttons 选项卡中要增加的按钮，并拖动到相应的工具栏中。

（4）要从工具栏中删除按钮，则按住要删除的按钮，并将其拖动到工具栏外，即可从工具栏中删除。

（5）重复步骤（3）和步骤（4），直到工具栏中的工具按钮符合自己的需要，即可完成工具栏中工具按钮的定制。

注意：当用户从工具栏中删除默认的按钮，这个按钮仍然是可用的。但是当用户从工具栏中删除自定义显示时，此工具按钮的自定义显示将永久的删除。

修改工具栏上的下拉组合框的宽度具体步骤如下：

（1）选择 Tools | Customize 命令，打开 Customize 对话框。

（2）选择 Toolbars 选项卡，如图 D-15 所示。

（3）单击工具栏上要调整的下拉组合框。

（4）指向下拉组合框的左边或右边。当鼠标指针变成双竖线时，拖动下拉组合框的边缘调整其宽度，如图 D-17 所示。

图 D-17　调整下拉组合框的宽度

D.4　状　态　栏

在 VC 6.0 开发界面中提供状态栏。在不影响操作执行的情况下，状态栏用于显示当前操作的一些有用的信息，如命令提示、操作进度等。它为用户了解和掌握开发环境的使用提供了帮助。本节将介绍状态栏的使用。

D.4.1　状态栏的定义

状态栏是停靠在 VC 6.0 界面底部的信息显示条，显示与当前操作相关的有用信息。最左边的文本框显示了最近选择的菜单命令或是当前鼠标指针划过按钮的功能描述。同时，会显示当前操作的进度信息。而对于文本编辑对话框，会显示插入点的行和列。右边的 OVR，显示编辑器是否处于插入模式（即是否按下 Insert 键进行切换）。READ 表示当前文件是否是只读的。状态栏界面如图 D-18 所示。

| Ready | | Ln 1, Col 1 | REC | COL | OVR | READ | 19:38 |

图 D-18　状态栏界面

D.4.2　状态栏的常用操作

在不需要状态栏的情况下，可以将状态栏隐藏，具体步骤如下：

（1）选择 Tools | Options 命令，打开 Options 对话框。

（2）选择 Workspace 选项卡，如图 D-19 所示。

（3）取消选中 Display status bar 复选框。

（4）单击 OK 按钮，状态栏即会被隐藏。

如果需要，可以在状态栏上显示当前时间，时间会显示在状态栏的最后边部分，具体步骤与隐藏状态栏的步骤相似，打开 D-19 所示的对话框，选择 Display clock on status bar 复选框即可。

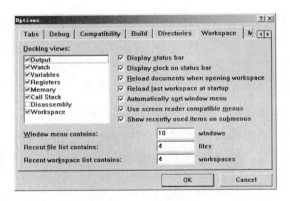

图 D-19　Options 对话框

D.5　功能快捷键

前面介绍过，VC 6.0 中可以使用菜单和工具栏来调用命令，这些都是使用鼠标操作的。对于习惯于使用键盘的开发人员来说，VC 6.0 还提供了操作更方便的功能快捷键。它是菜单项或按钮对应的功能组合键。熟练使用功能快捷键，可以大大提高开发效率。本节将介绍有关功能快捷键的使用。

D.5.1　常用功能快捷键及查看

使用功能快捷键，可以简化在工具栏和菜单栏查找按钮的工作，只需要按下功能对应的键盘快捷键，就可以执行操作。VC 6.0 初始提供了一组常用的默认功能键，如常用的新建功能，功能快捷键为 Ctrl+N，因此当按下这个组合功能键时，则会自动弹出 New 对话框。具体的默认功能键，在表 D-1 中已经列出。

在开发环境中，可以查看当前所有的功能快捷键。方法是选择 Help | Keyboard Map 命令，打开 Help Keyboard 对话框，如图 D-20 所示。

Category	Command	Keys	Description
Debug	DebugExceptions		Edits debug actions taken when an exception occurs
Debug	DebugGo	F5	Starts or continues the program
Debug	DebugHexadecimalDisplay		Toggles between decimal and hexadecimal format
Debug	DebugMemoryNextFormat	Alt+F11	Switches the memory window to the next display format
Debug	DebugMemoryPrevFormat	Alt+Shift+F11	Switches the memory window to the previous display format
Debug	DebugModules		Shows modules currently loaded
Debug	DebugQuickWatch	Shift+F9	Performs immediate evaluation of variables and expressions

图 D-20　快捷键查看

可以单击打印按钮，将快捷键列表打印出来。也可以单击复制按钮，将按钮复制到剪贴板中，在其他对话框中使用。还可以通过组合框选择查看所有具有快捷键的命令、查看所有命令、查看指定菜单下的命令等。同时可以通过单击 Editor、Command、Keys、Description 标题头，分别按照编辑器、命令名称、快捷键和描述来对命令进行排序。如果用户能够熟练使用这些快捷键，则可以大大提高开发效率。

D.5.2　分配功能快捷键

因为有些命令没有默认的快捷键。因此，VC 6.0 为用户提供了分配快捷键的方法，不仅可以自定义快捷键，还可以修改系统为命令分配的默认快捷键，并且可以为一个命令分配多个快捷键。具体步骤如下：

（1）选择 Tools | Customize 命令，打开 Customize 对话框。

（2）选择 Keyboard 选项卡，如图 D-21 所示。

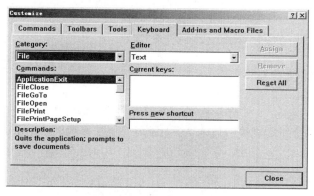

图 D-21　定制快捷键

（3）在 Editor 下拉列表框中，选择快捷键作用的编辑器。如果想在文本编辑器工作状态下使分配的快捷键有效，则选择 Text 选项。

（4）在 Category 下拉列表框中，选择包含要分配快捷键的命令菜单。

（5）在 Commands 列表框中，选择要分配快捷键的命令。

（6）将光标移动到 Press new shortcut 文本框中，按下要分配的快捷键（包括单键和组合键），单击 Assign 按钮，即为此命令分配了快捷键。如果用户要设置的快捷键已经分配给其他命令，则在 Currently assigned to 下会显示当前此快捷键对应的命令，如图 D-22 所示。此处显示了当要为 FileClose 命令分配 Alt+F 快捷键时，在 Currently assigned to 下显示此快捷键已经分配给菜单访问了（访问文件菜单的快捷键是 Alt+F）。

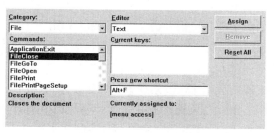

图 D-22　重复快捷键提示

注意：不可以为命令分配已经被操作系统使用的键，如 Esc 键、F1 键或者是诸如 Ctrl+Alt+Del

的组合键，当用户输入这些键，将不能分配快捷键。

（7）单击 Close 按钮关闭对话框。

D.5.3　删除功能快捷键

当不需要使用某个快捷键时，可以将其删除。具体步骤如下：

（1）在 Customize 对话框中，选择 Keyboard 选项卡，如图 D-21 所示。

（2）分别在 Editor 下拉列表框、Category 下拉列表框、Commands 列表框中选择要删除的快捷键对应的编辑器、快捷键对应的命令分类以及对应的命令，定位到要删除快捷键的命令。

（3）在 Current keys 列表框中选择要删除的快捷键，单击 Remove 按钮，即可完成快捷键的删除。

（4）单击 Close 按钮关闭对话框。

D.5.4　重置功能快捷键

用户在自定义了快捷键后，要想恢复 VC 6.0 默认的快捷键设置，有一个简便的方法重置，而不需要重新恢复每个快捷键的设置。具体步骤与删除功能快捷键相似，在图 D-21 所示的界面中单击 Reset All 按钮即可。

D.6　文本编辑器

应用程序由各种不同的资源编译而成。VC 6.0 为不同资源提供了不同的编辑器，主要分为文本编辑器和资源编辑器。文本编辑器主要用于编辑源代码，资源编辑器主要用于编辑资源。本节主要介绍 VC 6.0 文本编辑器的使用。

D.6.1　Visual C++的编辑器

VC 6.0 开发环境提供集成的文本编辑器来管理、编辑、打印源代码。它的使用与 Windows 平台下其他文本编辑器的使用方法相同。使用文本编辑器可以实现下列功能。

- 可以从类成员列表、参数列表或参数值列表中选择内容自动填充代码语法。
- 使用宏自动操作文本编辑器。
- 创建不同编程语言的源文件，包括 C/C++、SQL 和 HTML。
- 设置源文件中的语法颜色。
- 支持两种流行的文本编辑方式，即 BRIEF 和 Epsilon。
- 支持在单文件或多文件中进行高级搜索和替换操作，包括使用正则表达式和递增查找。
- 通过匹配分组分隔符、条件语句或者使用 Go To 对话框在代码的各个部分之间进行导航。
- 使用参数选择、设置页边距、Tab 键、字符缩进定制文本编辑器。
- 修改字体类型、大小和颜色。
- 选择单行、多行或列。

- 在单个编辑对话框、多个编辑对话框、文本编辑器和调试器中使用拖放编辑。
- 测试 SQL 脚本、触发器和存储过程，向数据库中插入触发器或者存储过程。
- 管理源代码对话框。

在 VC 6.0 中，文本编辑器是与工程工作区相连的。当用户关闭工程时，VC 6.0 会记录各个文本编辑器的位置、大小等属性。当用户重新打开工程时，VC 6.0 会根据存储的文件属性重新初始化文本编辑器。

D.6.2　全屏编辑模式

当使用文本编辑器或其他资源编辑器时，可以选择全屏工作方式，在此工作方式下，可以同时看到更多信息。具体方法是：选择 View|Full Screen 命令，即进入全屏方式，如图 D-23 所示。通过单击界面上的 Full Screen 按钮或者是使用 Esc 键可以退出全屏工作方式。

```
#if !defined(AFX_ENVORSAMPLEDOC_H__EB2CE538_36D9_4498_A7FC_9AFF1EA4F578__INCLUDED_)
#define AFX_ENVORSAMPLEDOC_H__EB2CE538_36D9_4498_A7FC_9AFF1EA4F578__INCLUDED_

#if _MSC_VER > 1000
#pragma once
#endif // _MSC_VER > 1000

class CEnvorSampleDoc : public CDocument
{
protected: // create from serialization only
    CEnvorSampleDoc();
    DECLARE_DYNCREATE(CEnvorSampleDoc)

// Attributes
public:

// Operations
public:

// Overrides
    // ClassWizard generated virtual function overrides
    //{{AFX_VIRTUAL(CEnvorSampleDoc)
    public:
    virtual BOOL OnNewDocument();
    virtual void Serialize(CArchive& ar);
    //}}AFX_VIRTUAL

// Implementation
public:
    virtual ~CEnvorSampleDoc();
#ifdef _DEBUG
    virtual void AssertValid() const;
    virtual void Dump(CDumpContext& dc) const;
#endif

protected:

// Generated message map functions
protected:
    //{{AFX_MSG(CEnvorSampleDoc)
    // NOTE - the ClassWizard will add and remove member functions here.
    //     DO NOT EDIT what you see in these blocks of generated code !
    //}}AFX_MSG
    DECLARE_MESSAGE_MAP()
};
```

图 D-23　文件对话框的全屏工作方式

同时，全屏界面上的 Full Screen 工具栏按钮所在的工具栏可以停靠在 4 个边的任意一边，这样可以防止工具栏遮盖住编辑器中内容。

D.6.3　平铺文件窗口

当需要同时查看多个文件信息时，可以对文件窗口进行布局，即平铺文件窗口。平铺文件窗口又可以水平平铺文件窗口和垂直平铺文件窗口。

当水平平铺文件窗口时，是将选定的文件窗口集合中的每个文件窗口水平展开，如图 D-24 所示。

当垂直平铺文件窗口时，是将选定的文件窗口集合中的每个文件窗口垂直展开，如图 D-25 所示。

平铺文件窗口有两种方法：一种是选择 Window | Tile Horizontally 命令（水平平铺）或 Tile

Vertically 命令（垂直平铺）；另一种方法是选择 Window | Windows 命令。选择 Window | Cascade 命令，可以恢复到级联显示状态，如图 D-26 所示。

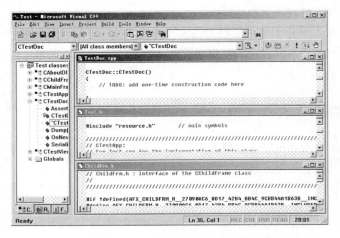

图 D-24　水平平铺文件窗口

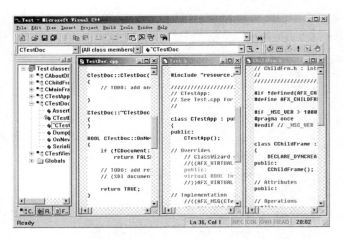

图 D-25　垂直平铺文件窗口

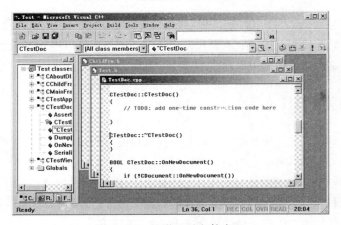

图 D-26　级联显示文件窗口

D.6.4　分隔文件对话框

当需要同时查看一个文件的多个部分时，可以将一个文件对话框进行分隔。通过使用垂直滚动条和水平滚动条来定位要查看的内容。具体方法是，选择 Window | Split 命令，将鼠标指针移动到要分隔的文件窗体内，移动鼠标指针到要分隔的位置，单击即完成文件对话框的分隔。如果要取消文件对话框的分隔，则将鼠标指针移动到分隔中心点，当鼠标指针变成四方向的图标时，按下鼠标左键，拖动至此文件对话框的最右下角，随后松开鼠标左键，文件对话框的分隔就取消了。分隔文件窗口如图 D-27 所示。

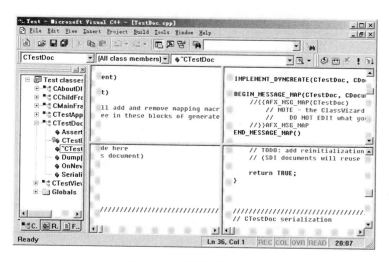

图 D-27　分隔文件对话框

D.6.5　使用 IntelliSense 智能提示

VC 6.0 的文本编辑器除了具有常用的文本编辑器的功能，还提供了 IntelliSense 智能提示功能为用户提供上下文自动提示功能，使得开发人员可以花费更少的时间进行代码录入，而且可以减少输入错误。智能提示选项包括自动完成语句，提供快速访问有效成员函数或变量的方法，还包括通过成员列表访问全局对象。从列表中选择相应的选项，即可将成员插入代码中，如图 D-28 所示。

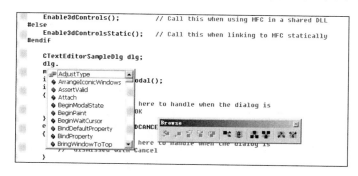

图 D-28　智能提示示例

同时,还可以使用智能提示功能查看代码注释、函数声明和变量类型信息。选择 Edit | Complete Word 命令可以完成函数和变量的输入。如果输入的字符有多于一个的匹配项，会显示可选列表。

VC 6.0 中提供智能提示选项，用户可以根据情况设置使用的智能感知选项。默认情况下，智能提示功能是启用的，可以通过以下步骤定义智能提示选项。

（1）选择 Tools | Options 命令，打开 Options 对话框。

（2）选择 Editor 选项卡，Statement completion options 选项组中定义了智能提示的选项。

（3）选择要设置的选项，单击 OK 按钮后退出。

有关智能提示的选项设置如图 D-29 标注框内所示。

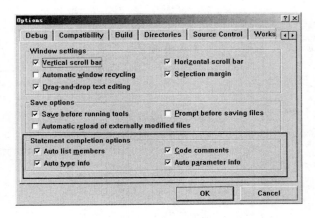

图 D-29　智能提示选项设置

附录 E ｜ C 语言编写风格

编程风格是 C 语言初学者必须学习的技能，可使编写的程序可读性、移植性、可维护性更好。当 C 语言程序写得越来越长的时候尤为重要。保持一种良好的编程风格，对于一个开发团队或者自主开发者都是一件好事情。

1. 缩进

对于函数，选择、循环控制在进入下级的程序段时，为了使结构清晰，一般将下级的程序段向后缩进一段位置。缩进的大小是为了清楚的定义一个块的开始和结束，特别是当已经编写了很长的代码时，会发现一个大的缩进格式使得对程序的理解更容易，因为程序更有层次感，可以最快地找到需要查看的程序块。

建议使用一个 Tab 位置（8 个字节）进行缩进，有些代码编辑工具显示一个 Tab 位置为 4 个字节，这些都能使程序更清晰。一些人认为使用 8 个字符的缩进使得代码离右边很近，在 80 个字符宽度的终端屏幕上看程序很难受。回答是，但程序有 3 个以上的缩进的时候，应该修改程序。总之，8 个字符的缩进使得程序易读，还有一个附加的好处，就是它能在你将程序变得嵌套层数太多的时候给你警告。这个时候，应该修改程序，太多的嵌套对于程序执行的效率和易读性都是致命的，可以考虑使用函数或者改变程序结构。

```
int fother()
{
    程序块
    if(...)
    {
        程序块
    }
    else
    {
        程序块
    }
    for(...)
    {
        程序块
    }
}
```

2．花括号的位置

一般情况下，有下列几种书写方式：

（1）

```
if(x>y)
{
    t=x;x=y;y=t;
}
```

（2）Kernighan 和 Ritchie 的经典方式

```
if(x>y){
    t=x;x=y;y=t;
}
```

（3）

```
if(x>y) { t=x;x=y;y=t; }
```

推荐使用方式（1），很明显，这种方式能更清楚地看到程序块的开始和结束位置。但对于很简单的程序块，也可以使用方式（3）。

3．命名系统

除了常用的规则，如#define 常量应全部大写，变量命名的基本规则等之外，还要养成一个良好的命名习惯。不要使用汉语拼音命名，尽量使用英文单词、常用的缩写、下画线、数字等，这样更容易理解变量的意义。但是要避免过长的变量名和函数名。

当一个工程越做越大时，命名会越来越难，因为重名现象会时有发生。现在比较流行的命名规则如匈牙利命名法很好地解决了这个问题。匈牙利命名法通过在变量名前面加上相应的小写字母的符号标识作为前缀，标识出变量的作用域、类型等。这些符号可以多个同时使用，顺序是先m_（成员变量），再指针，再简单数据类型，再其他。例如，m_lpszStr，表示指向一个以 0 字符结尾的字符串的长指针成员变量。

可能有些开发人员认为匈牙利命名法有些冗长，但对于开发过程中，这种命名法则可以比较系统地、彻底地解决命名问题。但对于比较小的程序，也可以使用简单的命名方式。

4．函数

函数应该短小而精练，而且它只做一件事情。它应只覆盖一到两个屏幕，并且只做一件事情，而且将它做好。

一个函数的最大长度和函数的复杂程度以及缩进大小成反比。于是，如果已经写了简单但长度较长的函数，而且已经对不同的情况做了很多很小的事情，写一个更长一点的函数也是无所谓的。

然而，假如要写一个很复杂的函数，而且已经估计到假如一般人读这个函数，他可能都不知道这个函数在说些什么，这个时候，应使用具有描述性名字的有帮助的函数。

另外一个需要考虑的是局部变量的数量。它们不应该超过 10 个，否则有可能会出错。重新考虑这个函数，将它们分隔成更小的函数。人的大脑通常可以很容易地记住 7 件不同的事情，超过这个数量会引起混乱。

5. 注释

注释一般采取的两种方式：对一个程序块注释和对一行程序注释。

```
/*比较 x,y 大小*/
if(x>y)
{
    t=x;x=y;y=t;  /*交换 x,y*/
}
```

注释是一件很好的事情，但是过多的注释也是不必要的。不要试图去解释代码的注释有多好。应该将代码写得更好，而不是花费大量的时间去解释那些糟糕的代码。

通常情况下，注释由于是说明代码做些什么，而不是怎么做。而且，要试图避免将注释插在一个函数体里。假如这个函数确实很复杂，需要在其中有部分注释，最好还是把复杂的函数拆分成几个简单的函数。也可以将注释写在函数前，告诉别人它做些什么事情，以及为什么要这样做。

6. 空格与空行

不要让自己的程序过于拥挤，这样同样影响可读性，善于使用空格区分程序中的变量、符号、表达式等，使它们对照整齐或者更清晰。善于使用空行区分程序块。

例如：

```
name = "young"
age = 21
college = "ZIT"
```

例如：

```
if ( (x>100) || (x<0) )
```

对于这些约定俗成的风格，不一定非要严格地去使用，也可以有自己的风格。但是，在团队开发时，一定要统一命名系统等主要的风格，这样能够提升团队成员协同工作的效率。

附录 F VC++ 6.0 常见编译错误中英文对照表

1. 错误信息

（1）fatal error C1003: error count exceeds number; stopping compilation

中文对照：（编译错误）错误太多，停止编译

分析：修改之前的错误，再次编译

（2）fatal error C1004: unexpected end of file found

中文对照：（编译错误）文件未结束

分析：一个函数或者一个结构定义缺少"}"，或者在一个函数调用或表达式中括号没有配对出现，或者注释符"/*…*/"不完整等

（3）fatal error C1083: Cannot open include file: 'xxx': No such file or directory

中文对照：（编译错误）无法打开头文件 xxx：没有这个文件或路径

分析：头文件不存在，或者头文件拼写错误，或者文件为只读

（4）fatal error C1903: unable to recover from previous error(s); stopping compilation

中文对照：（编译错误）无法从之前的错误中恢复，停止编译

分析：引起错误的原因很多，建议先修改之前的错误

（5）error C2001: newline in constant

中文对照：（编译错误）常量中创建新行

分析：字符串常量多行书写

（6）error C2006: #include expected a filename, found 'identifier'

中文对照：（编译错误）#include 命令中需要文件名

分析：一般是头文件未用一对双引号或尖括号括起来，例如 "#include stdio.h"

（7）error C2007: #define syntax

中文对照：（编译错误）#define 语法错误

分析：例如 "#define" 后缺少宏名

（8）error C2008: 'xxx' : unexpected in macro definition

中文对照：（编译错误）宏定义时出现了意外的 xxx

分析：宏定义时宏名与替换串之间应有空格，例如 "#define TRUE"1""

（9）error C2009: reuse of macro formal 'identifier'

中文对照：（编译错误）带参宏的形式参数重复使用

分析：宏定义如有参数不能重名，例如 "#define s(a,a) (a*a)" 中参数 a 重复

（10）error C2010: 'character' : unexpected in macro formal parameter list

中文对照：（编译错误）带参宏的形式参数表中出现未知字符

分析：例如 "#define s(rl) r*r" 中参数多了一个字符 'l'

（11）0error C2014: preprocessor command must start as first nonwhite space

中文对照：（编译错误）预处理命令前面只允许空格

分析：每一条预处理命令都应独占一行，不应出现其他非空格字符

（12）error C2015: too many characters in constant

中文对照：（编译错误）常量中包含多个字符

分析：字符型常量的单引号中只能有一个字符，或是以 "\" 开始的一个转义字符，例如 "char error = 'error';"

（13）error C2017: illegal escape sequence

中文对照：（编译错误）转义字符非法

分析：一般是转义字符位于 ' ' 或 " " 之外，例如 "char error = ' '\n;"

（14）error C2018: unknown character '0xhh'

中文对照：（编译错误）未知的字符 0xhh

分析：一般是输入了中文标点符号，例如 "char error = 'E';" 中 ";" 为中文标点符号

（15）error C2019: expected preprocessor directive, found 'character'

中文对照：（编译错误）期待预处理命令，但有无效字符

分析：一般是预处理命令的#号后误输入其他无效字符，例如 "#!define TRUE 1"

（16）error C2021: expected exponent value, not 'character'

中文对照：（编译错误）期待指数值，不能是字符

分析：一般是浮点数的指数表示形式有误，例如 123.456E

（17）error C2039: 'identifier1' : is not a member of 'identifier2'

中文对照：（编译错误）标识符 1 不是标识符 2 的成员

分析：程序错误地调用或引用结构体、共用体、类的成员

（18）error C2041: illegal digit 'x' for base 'n'

中文对照：（编译错误）对于 n 进制来说数字 x 非法

分析：一般是八进制或十六进制数表示错误，例如 "int i = 081;" 语句中数字 '8' 不是八进制的基数

（19）error C2048: more than one default

中文对照：（编译错误）default 语句多于一个

分析：switch 语句中只能有一个 default，删去多余的 default

（20）error C2050: switch expression not integral

中文对照：（编译错误）switch 表达式不是整型的

分析：switch 表达式必须是整型（或字符型），例如 "switch ("a")" 中表达式为字符串，这是非法的

（21）error C2051: case expression not constant

中文对照：（编译错误）case 表达式不是常量

分析：case 表达式应为常量表达式，例如 "case "a"" 中 ""a"" 为字符串，这是非法的

（22）error C2052: 'type' : illegal type for case expression

中文对照：（编译错误）case 表达式类型非法

分析：case 表达式必须是一个整型常量（包括字符型）

（23）error C2057: expected constant expression

中文对照：（编译错误）期待常量表达式

分析：一般是定义数组时数组长度为变量，例如 "int n=10; int a[n];" 中 n 为变量，这是非法的

（24）error C2058: constant expression is not integral

中文对照：（编译错误）常量表达式不是整数

分析：一般是定义数组时数组长度不是整型常量

（25）error C2059: syntax error : 'xxx'

中文对照：（编译错误）'xxx' 语法错误

分析：引起错误的原因很多，可能多加或少加了符号 xxx

（26）error C2064: term does not evaluate to a function

中文对照：（编译错误）无法识别函数语言

分析：函数参数有误，表达式可能不正确，例如 "sqrt(s(s-a)(s-b)(s-c));" 中表达式不正确；变量与函数重名或该标识符不是函数，例如 "int i,j; j=i();" 中 i 不是函数

（27）error C2065: 'xxx' : undeclared identifier

中文对照：（编译错误）未定义的标识符 xxx

分析：如果 xxx 为 cout、cin、scanf、printf、sqrt 等，则程序中包含头文件有误；未定义变量、数组、函数原型等，注意拼写错误或区分大小写

（28）error C2078: too many initializers

中文对照：（编译错误）初始值过多

分析：一般是数组初始化时初始值的个数大于数组长度，例如 "int b[2]={1,2,3};"

（29）error C2082: redefinition of formal parameter 'xxx'

中文对照：（编译错误）重复定义形式参数 xxx

分析：函数首部中的形式参数不能在函数体中再次被定义

（30）error C2084: function 'xxx' already has a body

中文对照：（编译错误）已定义函数 xxx

分析：在 VC++早期版本中函数不能重名，6.0 版本中支持函数的重载，函数名可以相同但参数不一样

（31）error C2086: 'xxx' : redefinition

中文对照：（编译错误）标识符 xxx 重定义

分析：变量名、数组名重名

（32）error C2087: '<Unknown>' : missing subscript

中文对照：（编译错误）下标未知

分析：一般是定义二维数组时未指定第二维的长度，例如 "int a[3][];"

（33）error C2100: illegal indirection

中文对照：（编译错误）非法的间接访问运算符"*"

分析：对非指针变量使用"*"运算

（34）error C2105: 'operator' needs l-value

中文对照：（编译错误）操作符需要左值

分析：例如"(a+b)++;"语句，"++"运算符无效

（35）error C2106: 'operator': left operand must be l-value

中文对照：（编译错误）操作符的左操作数必须是左值

分析：例如"a+b=1;"语句，"="运算符左值必须为变量，不能是表达式

（36）error C2110: cannot add two pointers

中文对照：（编译错误）两个指针量不能相加

分析：例如"int *pa,*pb,*a; a = pa + pb;"中两个指针变量不能进行"+"运算

（37）error C2117: 'xxx' : array bounds overflow

中文对照：（编译错误）数组 xxx 边界溢出

分析：一般是字符数组初始化时字符串长度大于字符数组长度，例如"char str[4] = "abcd";"

（38）error C2118: negative subscript or subscript is too large

中文对照：（编译错误）下标为负或下标太大

分析：一般是定义数组或引用数组元素时下标不正确

（39）error C2124: divide or mod by zero

中文对照：（编译错误）被零除或对 0 求余

分析：例如"int i = 1 / 0;"除数为 0

（40）error C2133: 'xxx' : unknown size

中文对照：（编译错误）数组 xxx 长度未知

分析：一般是定义数组时未初始化也未指定数组长度，例如"int a[];"

（41）error C2137: empty character constant

中文对照：（编译错误）字符型常量为空

分析：一对单引号"''"中不能没有任何字符

（42）error C2143: syntax error : missing 'token1' before 'token2'

中文对照：（编译错误）在标识符或语言符号 2 前漏写语言符号 1

分析：可能缺少"{"、")"或";"等语言符号

（43）error C2144: syntax error : missing ')' before type 'xxx'

中文对照：（编译错误）在 xxx 类型前缺少')'

分析：一般是函数调用时定义了实参的类型

（44）error C2181: illegal else without matching if

中文对照：（编译错误）非法的没有与 if 相匹配的 else

分析：可能多加了";"或复合语句没有使用"{}"

（45）error C2196: case value '0' already used

中文对照：（编译错误）case 值 0 已使用

分析：case 后常量表达式的值不能重复出现

（46）error C2296: '%' : illegal, left operand has type 'float'

中文对照：（编译错误）%运算的左(右)操作数类型为 float，这是非法的

分析：求余运算的对象必须均为 int 类型，应正确定义变量类型或使用强制类型转换

（47）error C2371: 'xxx' : redefinition; different basic types

中文对照：（编译错误）标识符 xxx 重定义；基类型不同

分析：定义变量、数组等时重名

（48）error C2440: '=' : cannot convert from 'char [2]' to 'char'

中文对照：（编译错误）赋值运算，无法从字符数组转换为字符

分析：不能用字符串或字符数组对字符型数据赋值，更一般的情况，类型无法转换

（49）error C2447: missing function header (old-style formal list?)

中文对照：（编译错误）缺少函数标题（是否是老式的形式表？）

分析：函数定义不正确，函数首部的"( )"后多了分号或者采用了老式的 C 语言的形参表

（50）error C2450: switch expression of type 'xxx' is illegal

中文对照：（编译错误）switch 表达式为非法的 xxx 类型

分析：switch 表达式类型应为 int 或 char

（51）error C2466: cannot allocate an array of constant size 0

中文对照：（编译错误）不能分配长度为 0 的数组

分析：一般是定义数组时数组长度为 0

（52）error C2601: 'xxx' : local function definitions are illegal

中文对照：（编译错误）函数 xxx 定义非法

分析：一般是在一个函数的函数体中定义另一个函数

（53）error C2632: 'type1' followed by 'type2' is illegal

中文对照：（编译错误）类型 1 后紧接着类型 2，这是非法的

分析：例如"int float i;"语句

（54）error C2660: 'xxx' : function does not take n parameters

中文对照：（编译错误）函数 xxx 不能带 n 个参数

分析：调用函数时实参个数不对，例如"sin(x,y);"

（55）error C2664: 'xxx' : cannot convert parameter n from 'type1' to 'type2'

中文对照：（编译错误）函数 xxx 不能将第 n 个参数从类型 1 转换为类型 2

分析：一般是函数调用时实参与形参类型不一致

（56）error C2676: binary '<<' : 'class istream_withassign' does not define this operator or a conversion to a type acceptable to the predefined operator

分析：">>""<<"运算符使用错误，例如"cin<<x; cout>>y;"

（57）error C4716: 'xxx' : must return a value

中文对照：（编译错误）函数 xxx 必须返回一个值

分析：仅当函数类型为 void 时，才能使用没有返回值的返回命令

（58）fatal error LNK1104: cannot open file "Debug/Cpp1.exe"

中文对照：（链接错误）无法打开文件 Debug/Cpp1.exe

分析：重新编译链接

（59）fatal error LNK1168: cannot open Debug/Cpp1.exe for writing

中文对照：（链接错误）不能打开 Debug/Cpp1.exe 文件，以改写内容

分析：一般是 Cpp1.exe 还在运行，未关闭

（60）fatal error LNK1169: one or more multiply defined symbols found

中文对照：（链接错误）出现一个或更多的多重定义符号

分析：一般与 error LNK2005 一同出现

（61）error LNK2001: unresolved external symbol _main

中文对照：（链接错误）未处理的外部标识 main

分析：一般是 main 拼写错误，例如 "void mian()"

（62）error LNK2005: _main already defined in Cpp1.obj

中文对照：（链接错误）main 函数已经在 Cpp1.obj 文件中定义

分析：未关闭上一程序的工作空间，导致出现多个 main 函数

2.　警告信息

（1）warning C4003: not enough actual parameters for macro 'xxx'

中文对照：（编译警告）宏 xxx 没有足够的实参

分析：一般是带参宏展开时未传入参数

（2）warning C4067: unexpected tokens following preprocessor directive – expected a newline

中文对照：（编译警告）预处理命令后出现意外的符号 – 期待新行

分析："#include<iostream）h>;"命令后的 ";" 为多余的字符

（3）warning C4091: '' : ignored on left of 'type' when no variable is declared

中文对照：（编译警告）当没有声明变量时忽略类型说明

分析：语句 "int ;"未定义任何变量，不影响程序执行

（4）warning C4101: 'xxx' : unreferenced local variable

中文对照：（编译警告）变量 xxx 定义了但未使用

分析：可去掉该变量的定义，不影响程序执行

（5）warning C4244: '=' : conversion from 'type1' to 'type2', possible loss of data

中文对照：（编译警告）赋值运算，从数据类型 1 转换为数据类型 2，可能丢失数据

分析：需正确定义变量类型，数据类型 1 为 float 或 double、数据类型 2 为 int 时，结果有可能不正确，数据类型 1 为 double、数据类型 2 为 float 时，不影响程序结果，可忽略该警告

（6）warning C4305: 'initializing' : truncation from 'const double' to 'float'

中文对照：（编译警告）初始化，截取双精度常量为 float 类型

分析：出现在对 float 类型变量赋值时，一般不影响最终结果

（7）warning C4390: ';' : empty controlled statement found; is this the intent?

中文对照：（编译警告）';' 控制语句为空语句，是程序的意图吗？

分析：if 语句的分支或循环控制语句的循环体为空语句，一般是多加了 ";"

（8）warning C4508: 'xxx' : function should return a value; 'void' return type assumed

中文对照：（编译警告）函数 xxx 应有返回值，假定返回类型为 void

分析：一般是未定义 main 函数的类型为 void，不影响程序执行

（9）warning C4552: 'operator' : operator has no effect; expected operator with side−effect

中文对照：（编译警告）运算符无效果；期待副作用的操作符

分析：例如 "i+j;" 语句，"+" 运算无意义

（10）warning C4553: '==' : operator has no effect; did you intend '='?

中文对照：（编译警告）"=="运算符无效；是否为 "="？

分析：例如 "i==j;" 语句，"==" 运算无意义

（11）warning C4700: local variable 'xxx' used without having been initialized

中文对照：（编译警告）变量 xxx 在使用前未初始化

分析：变量未赋值，结果有可能不正确，如果变量通过 scanf 函数赋值，则有可能漏写 "&" 运算符，或变量通过 cin 赋值，语句有误

（12）warning C4715: 'xxx' : not all control paths return a value

中文对照：（编译警告）函数 xxx 不是所有的控制路径都有返回值

分析：一般是在函数的 if 语句中包含 return 语句，当 if 语句的条件不成立时没有返回值

（13warning C4723: potential divide by 0

中文对照：（编译警告）有可能被 0 除

分析：表达式值为 0 时不能作为除数

（14）warning C4804: '<' : unsafe use of type 'bool' in operation

中文对照：（编译警告）'<'：不安全的布尔类型的使用

分析：例如关系表达式 "0<=x<10" 有可能引起逻辑错误

一、选择题

1. 下列链表中，其逻辑结构属于非线性结构的是（   ）。

A. 双向链表　　　　　B. 带链的栈　　　　　C. 二叉链表　　　　　D. 循环链表

2. 设循环队列的存储空间为 Q(1：35)，初始状态为 front=rear=35。现经过一系列入队与退队运算后，front=15，rear=15，则循环队列中的元素个数为（   ）。

A. 16　　　　　　　　B. 20　　　　　　　　C. 0 或 35　　　　　D. 15

3. 下列关于栈的叙述中，正确的是（   ）。

A. 栈底元素一定是最后入栈的元素　　　　B. 栈顶元素一定是最先入栈的元素

C. 栈操作遵循先进后出的原则　　　　　　D. 以上三种说法都不对

4. 有两个关系 R 和 S 如下：

R		
A	B	C
a	1	2
b	2	1
c	3	1

S		
A	B	C
c	3	1

则由关系 R 得到关系 S 的操作是

A. 选择　　　　　　　B. 投影　　　　　　　C. 自然连接　　　　　D. 并

5. 软件需求规格说明书的作用不包括（   ）。

A. 软件验收的依据

B. 用户与开发人员对软件要做什么的共同理解

C. 软件设计的依据

D. 软件可行性研究的依据

6. 下面属于黑盒测试方法的是（   ）。

A. 语句覆盖　　　　　B. 逻辑覆盖　　　　　C. 边界值分析　　　　D. 路径覆盖

7. 下面不属于软件设计阶段任务的是（   ）。

A. 软件总体设计　　　　　　　　　　　　　B. 算法设计

C. 制订软件确认测试计划　　　　　　　　　D. 数据库设计

8. 下列叙述错误的是（   ）。

A. C 程序可以由多个程序文件组成

B. 一个 C 语言程序只能实现一种算法

C. C 程序可以由一个或多个函数组成

D. 一个 C 函数可以单独作为一个 C 程序文件存在

9. C 语言源程序的扩展名是（　　　）。

A. .c　　　　　　　　B. .exe　　　　　　　　C. .obj　　　　　　　　D. .cp

10. 以下选项中不能用作 C 程序合法常量的是（　　　）。

A. 123　　　　　　　　B. '\123'　　　　　　　　C. 1,23　　　　　　　　D. "\x7D"

11. 表达式 a+=a-=a=9 的值是（　　　）。

A. 18　　　　　　　　B. -9　　　　　　　　C. 0　　　　　　　　D. 9

12. 阅读下列程序：

```c
#include <stdio.h>
main()
{
    int case;float printF;
    printf("请输入 2 个数:");
    scanf("%d%f",&case,&printF);
    printf("%d%f\n",case,printF);
}
```

该程序在编译时产生错误，其出错原因是（　　　）。

A. 定义语句出错，case 是关键字，不能用作用户自定义标识符

B. 定义语句出错，printF 不能用作用户自定义标识符

C. 定义语句无错，scanf 不能作为输入函数使用

D. 定义语句无错，scanf 不能输出 case 的值

13. 有以下程序：

```c
#include <stdio.h>
main()
{
    char c1,c2,c3,c4,c5,c6;
    scanf("%c%c%c%c",&c1,&c2,&c3,&c4);
    c5=getchar();c6=getchar();
    putchar(c1);putchar(c2);
    printf("%c%c\n",c5,c6);
}
```

程序运行后，若从键盘输入

（从第 1 列开始）123<回车>45678<回车>

则输出结果是（　　　）。

A. 1267　　　　　　　　B. 1256　　　　　　　　C. 1278　　　　　　　　D. 1245

14. 在关系数据库中，用来表示实体间联系的是（　　　）。

A. 属性　　　　　　　　B. 二维表　　　　　　　　C. 网状结构　　　　　　　　D. 树状结构

15. 公司中有多个部门和多名员工，每个员工只能属于一个部门，一个部门可以有多名员工，

从员工到部门的联系类型是（　　　）。

    A.　多对多　　　　　　　B.　一对一　　　　　　C.　多对一　　　　　　D.　一对多

16.　数据字典（DD）所定义的对象都包含于（　　　）。

    A.　软件结构图　　　　　　　　　　　　B.　方框图

    C.　数据流图（DFD 图）　　　　　　　　D.　程序流程图

17.　若有定义语句 int x=12, y=8, z;，在其后执行语句 z=0.9+x/y;，则 z 的值为（　　　）。

    A.　1.9　　　　　　　　B.　1　　　　　　　　C.　2　　　　　　　　D.　2.4

18.　以下选项中与 if (a==1) a=b; else a++; 语句功能不同的 switch 语句是（　　　）。

  A.

```
switch (a )
{ case 1: a=b; break;
   default:a++;
}
```

  B.

```
switch(a==1 )
{ case 0 : a=b; break;
    case 1 : a++;
}
```

  C.

```
switch(a)
{ default : a++ ;break;
    case 1 : a=b;
}
```

  D.

```
 switch(a==1 )
 { case 1 : a=b; break;
    case 0 : a++;
  }
```

19.　若变量已正确定义，有以下程序段：

```
#include <stdio.h>
main()
{
    int i=0;
    do printf("%d,",i);
    while(i++);
    printf("%d\n",i);
}
```

则其输出结果是（　　　）。

    A.　0,0　　　　　　　　　　　　　　　　B.　0,1

    C.　1,1　　　　　　　　　　　　　　　　D.　程序进入无限循环

20.　以下选项中，当 x 为大于 1 的奇数时，值为 0 的表达式是（　　　）。

    A.　x/2

    B.　x%2==0

    C.　x%2!=0

    D.　x%2==1

二、程序填空题

给定程序中，函数 fun() 的功能是建立一个 $N \times N$ 矩阵。矩阵元素的构成规律是：最外层元素的值全部为 1；从外向内第 2 层元素的值全部为 2；第 3 层元素的值全部为 3，……依此类推。例如，若 N=5，则生成矩阵为：

```
1    1    1    1    1
1    2    2    2    1
1    2    3    2    1
1    2    2    2    1
1    1    1    1    1
```

在程序的下画线处填入正确的内容并把下画线删除，使程序得出正确的结果。

```
#include <stdio.h>
#define N 7
【1】 _____
{
  int i,j,k,m;
  if(N%2==0)m=N/2;
  else m=N/2+1;
  for(i=0;i<m;i++)
  {
【2】 _____
    a[i][j]=a[N-i-1][j]=i+1;
    for(k=i+1;k<N-i;k++)
【3】 _____

  }
main()
{
  int a[N][N],i,j;
  fun(a) ;
  for(i=0;i<N;i++)
  {
    printf("\n");
    for(j=0;j<N;j++)
    {
      printf("%4d",a[i][j]);
    }
  }
}
```

三、程序修改题

下列给定程序中，函数 fun() 的功能是：将十进制正整数 m 转换成 k（$2 \leqslant k \leqslant 9$）进制数，并按位输出。例如，若输入 8 和 2，则应输出 1000（即十进制数 8 转换成二进制表示是 1000）。改正程序中的错误，使它能得出正确的结果。

```
#include <conio.h>
#include <stdio.h>
/********下面这行错误【1】********/
```

```
void fun(int m,int k);
{
  int aa[20] , i;
  for(i=0;m;i++)
  {
   /********下面这行错误【2】********/
   aa[i]=m/k;
   m/= k;
  }
  for(;i;i--)
   /********下面这行错误【3】********/
   printf("%d",aa[i]);
}
main ( )
{
  int  b,n;
  printf("\n Please enter a number and a base: \n");
  scanf("%d%d",&n,&b);
  fun(n,b);
  printf("\n");
}
```

四、程序设计题

编写一个函数 fun()，其功能是：从传入的 num 个字符中找出最长的一个字符串，并通过形参指针 max 传回该串地址（用****作为结束输入的标识）。

参考答案:

一、选择题

（1）～（5）CCCAD　　　（6）～（10）CCBAC

（11）～（15）CADBC　　　（16）～（20）CBBBB

二、程序填空题

【1】　　void fun(int a[N][N])

【2】　　for(j=i;j<N-i;j++)

【3】　　a[k][i]=a[k][N-i-1]=i+1;

三、程序修改题

【1】错误: void fun(int m, int k);　改为: void fun(int m, int k)

【2】错误: aa[i]=m/k;　　　改为: aa[i]=m%k;

【3】错误: printf("%d",aa[i]) ;　改为: printf("%d", aa[i-1]);

四、程序设计题

```
#include <stdio.h>
#include <string.h>
```

```
#define MAX 100
char * fun(char (*a)[81],int num,char *max)
{

    int i=0;
    max=a[0];
    for(i=0;i<num;i++)
        if(strlen(max)<strlen(a[i]))
            max=a[i];
  return max;
}
int main()
{
    char ss[10][81],ps[81];
    int n,i=0;
    printf("输入若干各字符串:");
    gets(ss[i]);
    while(!strcmp(ss[i],"****")==0)
    {
        i++;
        gets(ss[i]);
    }
    n=i;
    printf("\nmax=%s\n",fun(ss,n,ps));
    printf("\n");
}
```